U0009860

量JANET DRISCOLL MILLER
&
JULIA LIM化
行銷時代

貝佐斯與亞馬遜經營團隊都在做
5步驟把你的 · 行 · 銷 · 效 · 益 · 變得清晰可見

·《 二部曲 》·

DATA-FIRST
MARKETING

HOW TO COMPETE
AND WIN IN THE AGE OF ANALYTICS

珍娜·米勒、茱莉亞·林——著　　黃庭敏——譯

目　錄
Contents

Part
2
組織轉型：
採用數據至上的行銷

推薦序
新世代行銷、銷售
與財務人的必讀之作

「好的開發名單在哪裡！？」銷售副總裁經常對我吼叫，「這些開發名單太爛了啦！這樣我們的人沒辦法成交。」

這個時候，我會用「你的開發名單很棒，只是你的人員不擅於成交！」這樣巧妙的答覆來回應。

在1990年代末和2000年代初，我曾在數家不同上市科技公司擔任過行銷副總裁。在我工作過的公司中，像這樣（行銷和銷售部門）的緊張關係很常見，這是銷售過程的交接作業所引起的——行銷單位產生了「潛在客戶」（以下簡稱潛客），然後把他們移交給銷售單位，銷售單位握有這些潛客，直到交易完成。

我現在才意識到：當時，我所在公司的行銷和銷售部門並不同調，因為我們並沒有用易懂的數據做為基準，所

以雙方沒有一致的目標。行銷人採用的指標包括：有多少人訂閱了我們的電子報、我們在展場攤位上蒐集了多少張名片，以及有多少新聞短片談到我們的公司；而銷售人的指標是：他們達成了多少筆新訂單，以及他們保留了多少現有的顧客。

這兩個部門各說各話，就像岌岌可危的婚姻一樣。我們沒有好好地溝通，這對公司業務產生了負面的影響。

在我與銷售副總裁互動緊張之後，這二十年來，行銷人員可獲得的數據量已經激增。我們能夠計算行銷活動中的每次點擊數，以及社群媒體中每次的按讚數；我們可以看到人們在瀏覽網站時到底做了些什麼事；對於範圍更廣的市場，以及與競爭對手的情況，我們可以更有所了解。

這種資料的爆炸性成長實際上使行銷與銷售之間的脫節更加嚴重，因為在大多數公司，這兩個部門仍然沒有統一的步調，行銷和銷售（還有財務）部門仍然各彈各的調。

好消息是，這種溝通脫節的問題是有辦法可以處理的！本書的兩位作者——珍娜‧米勒和茱莉亞‧林，透過本書向我們示範了解決之道。我希望當年在試圖與銷售副總裁溝通時，手邊能夠有這本書。更重要的是，這本書還能讓我與財務長、執行長和董事會產生共鳴、互相理解。

本書深入探討在新的分析時代中，如何理解現代的行

銷策略。兩位作者示範如何建立流程，使整個組織與業務目標統一步調，從而使我們行銷人員得以一直專注於對業務最重要的事情。

了解「數據至上」的行銷方式，意味著我們的策略和手法，包括目標、活動和廣告，在整個企業範圍內都有明確的定義和可以被衡量。

我特別喜歡書中的觀念，可以供像我以前上班的大公司所使用，也可以供像我現在經營只有一人的小公司所使用。

珍娜和茱莉亞多年來一直站在數據導向行銷的最前端，並從已經獲得成功的從業者角度來撰寫文章，使其觀念變得既實用又易懂。

當她們詢問以下內容時，你很快就會看到她們的答案：「本書提出的許多概念似乎都是常識。但是，如果概念如此簡單，那麼行銷人員為什麼還沒有這樣做呢？」雖然你將學到珍娜和茱莉亞是如何回答自己的問題，我還想補充一個原因：**恐懼**。

我們每個人在職涯中都面臨著恐懼，害怕陌生、害怕新東西、害怕未經考驗的事物，這是人類的自然反應。

如果你對數據至上的行銷感到陌生，你應該為此感到恐懼，但這並不是忽略它能為你的公司提供強大力量的充

分理由。

　　我們也害怕學習新的行銷語言，例如，行銷數據的世界似乎充斥著三個字母的縮寫。「CNN和HBR指出，B2B CMO需要PIP，重點是關於CTR和CPC的KPI，以提高ROI，但首先需要獲得CFO和CEO的認同。」[1]（我剛編造的這句話，你聽得懂嗎？）

　　為了替自己和組織可以達成行銷成功的目標，你必須克服對新事物的恐懼——了解本書中勾勒的數據至上行銷方法，將幫助你消除恐懼，以便你可以實際運用觀念，帶來極大的成功。

　　祝你成功，獲得個人的成就！

大衛・史考特
David Meerman Scott

1　譯注：美國有線電視新聞網CNN和《哈佛商業評論》指出，企業對企業模式的行銷長需要「績效改進計畫」，重點是關於點擊率和點擊成本的KPI，以提高投資報酬率，但首先需要財務長和執行長的認同。

（本文作者為行銷大師、企業家，著有包括《讓訂閱飆升、
引爆商機的圈粉法則》（*Fanocracy*）和《新行銷聖經》
（*The New Rules of Marketing & PR*）等數十本暢銷書。
更多資訊：www.DavidMeermanScott.com）

行銷人必懂的
數據、分析和投資報酬率

珍娜：

　　我第一次被「行銷」這個行業吸引時，還是個小孩子。我清楚地記得我在1984年第十八屆超級盃的賽事期間，看到創新的蘋果麥金塔電腦廣告，看完廣告後，我感到驚奇和不可思議，這是我前所未見過的電視廣告。身為一個年輕的行銷人員，我被蘋果公司「不同凡想」（Think Different）的系列廣告所吸引，廣告中都是打破傳統的勵志人物，例如甘地、拳王阿里，和約翰·藍儂等等。我還保有一張這個系列的廣告單，上面印著木偶大師吉姆·韓森（Jim Henson），這一直是我最喜歡的廣告之一。我還發現自己對Nike廣告中，"Just Do It"或"Stop Dreaming.

Start Working"[1]，這些鼓舞人心的行銷訊息感到興趣。我的留言板上貼滿了這些廣告單，我喜歡它們的創意和帶給我的啟發。

雖然行銷的創意吸引我進入這一行，但在1990年代初，行銷開始發生了重大的變化。依我的估計，我進入行銷這一行，正好是個絕佳時機。1995年，我剛從大學畢業並開始第一份工作時，朋友邀請我到附近的一家公司參加焦點小組，評估一種新工具，用來在不斷發展的網際網路上尋找資料，那天晚上我評估的搜尋引擎就是雅虎。

1990年代中期，隨著網際網路開始呈現新的圖形格式，來搜尋和讀取網路上的資訊，我發現自己迷上了網際網路。全球資訊網和圖形化使用者界面給了我途徑，讓我的創意與技術特長結合起來，因此我學會如何用 HTML 設計程式。但是，當時問題仍然存在：這究竟該如何應用在行銷方面？在1990年代，沒有多少的測量指標可以知道，網際網路上的行銷工作是如何影響企業的。除了來自伺服器日誌的基本流量資訊，和諸如 WebTrends 之類處理這些數據的工具之外，行銷人員看到人們會瀏覽他們的網站，大多就會感到滿意了。

1　即「停止做夢，開始工作」。

　　1998年，GoTo.com（後來更名為Overture）推出了第一個點擊付費的廣告模式。這個產品徹底改變了企業在網際網路上做廣告的方式。有了這種新的模式，廣告主不再需要根據曝光（廣告被播放）的次數來付費。取而代之的是，廣告主可以根據「受眾行動」來支付廣告費，也就是當搜尋者點擊了廣告，並因此造訪了廣告主的網站。隨著定價模式愈來愈受到廣告主的歡迎，搜尋引擎開始把這種廣告模型加到他們的網站中，我發現自己創意的行銷面向，轉變為更專注於分析的行銷面向。後來出現了網站測量工具（例如，網站分析公司Urchin，及Google Analytics的前身）和相關指標的新數位廣告選項（例如，Google AdWords），在很短的時間內，行銷人員就開發出新的指標，而且比起印刷和電視領域的籠統測量工具，新的指標更能定義行銷的「關鍵績效指標」[2]（例如，BPA第三方審核公司或尼爾森行銷研究顧問公司的數據），這些新的指標很**準確**。

　　我發現自己也在轉變。我經歷了一次被裁員，在下一家公司的裁員風暴中倖存下來之後，我渴望找到方法，向我所工作的企業證明自己的價值。數位行銷給了我最好的

2　關鍵績效指標（Key Performance Indicator），以下簡稱KPI。

機會，可以準確地測量我的影響力，以及我們團隊所有行銷工作對業務的影響。我開始接受數據和統計資料，然後我找到了使用它們的方法，來支持自己的立場。在我開始我的行銷職涯時，我完全是期望善用自己的藝術創意，但現在我發現自己在分析方面的投入更多。

2005 年，我成立了自己的搜尋媒體代理商 Search Mojo（現更名為 Marketing Mojo），專注於搜尋引擎優化（SEO）和付費搜尋廣告。所有到我們公司應徵客戶經理的求職者，我都會問他們一個問題：「你認為自己是比較有創意的人，還是比較會分析的人？」這個問題本身並沒有對或錯的答案，但是我希望許多大學畢業生進入行銷領域的原因與我類似。他們看到了企業給消費者極富創意的廣告，因而受到了啟發。儘管搜尋廣告中有一些藝術創意，但數據分析在今天發揮著更大的作用。如果你不喜歡試算表和數學，那麼對於今天的行銷樣貌，你可能也不會太喜歡。

只不過，還有很多要做的事。身為行銷人員，如今擁有比以往更多可供運用的數據和工具。在過去的十四年中，我經營一家廣告代理商，看過很多客戶，無論公司的規模大小，由於他們測量方式的執行不力，或者無法將資料點連結起來，所以沒有讓他們完全掌握到原本可以得出

的數據。就在去年，一個擁有1,500多名員工的客戶坦承，他們把造訪網站的潛客儲存在試算表中，然後把每位潛客的資料用手動的方式，逐筆輸入到銷售部門的客戶關係管理系統（CRM）中……我的天啊！

身為行銷人員，我們現在可以獲得大量的資訊，似乎讓人吃不消，我鼓勵你反倒要把可用的數據視為機會。我和茱莉亞一起寫了這本書，來幫助澄清行銷團隊與公司其他部門之間存在的脫節之處，並幫助縮小彼此之間的差距。我寫書的目的，是讓其他行銷人員可以看到行銷數據帶來的價值，可以強化你的職位和提高行銷團隊對組織的價值。我在書中添加了許多實際的例子，來說明可能的錯誤，也舉例當組織正確實施和使用**對的數據**時，會帶來的奇妙成效。我希望這本書能幫助你在公司中創造強而有力的改變，並鞏固行銷團隊給組織帶來的價值。

茱莉亞：

從學校畢業後，我頂著MBA學位加入了一家網站代管公司（最初在美國線上〔AOL〕的旗下），後來這家公司在1990年代後期被併入最早期的網路服務提供商UUNET。當時是運用科技成為行銷人員的絕佳時代啊！

我們是真正開疆擴土的先鋒，我們所做的一切，都是首開先例或同類產品中的首創。我們是第一家推出主機代管服務的公司，也是最早推出代管廣告伺服器和電子商務平台的公司之一。我們稱霸了 Lotus Notes 代管市場，創造了「企業代管」（enterprise hosting）一詞。我們所做的一切都是新的，我們定義了這個非常龐大且快速成長的市場，並奠定了方向。這種經驗我要如何才能突破呢？

在網路泡沫化之後的幾年，我加入了一家網路監控新創公司。我是第五號員工，也是第一個專門投入行銷資源的人。儘管當時極度睡眠不足，但我還是很喜歡這段經歷。這是另一個「未開發」的機會，這次的機會不在於市場，因為有像 IBM 和 HP 這樣的大型公司，網路監控已經出現一段時間了，不過這次我有機會設計行銷策略、方案和流程，真的一切從零開始。

真正幸運的是，這恰好是數位行銷開始徹底「改變行銷」的時候，讓我們不僅可以在線上接觸到顧客，也改變了我們實際可以做的事情和效率。我沒有碰到要去克服的官僚體制，也沒有遇到「我們一直都是這麼做的」麻煩態度與文化。我純粹根據數位行銷工具和服務本身的優點來評估行銷的方式，這是替銷售產生符合資格潛客的最佳方法嗎？這對我的行銷費用是最佳選擇嗎？「投資報酬率」

不是一個異想天開的想法，對於像我們這樣白手起家的新創公司而言，投資報酬率是極其重要的。如果某個工具、方案或行銷活動沒有獲取或表現出絕對必要的功用，我們就不會再去做了，我們可沒有時間或金錢能浪費。

　　我持續在工作中學習，數位行銷吸引了我這個書呆子。當時我是Salesforce.com的管理員，我定義了它每個欄位。我們公司是行銷自動化的早期採用者，我還定義了當中的每個欄位，然後再加上與Salesforce.com的整合。我遇到珍娜的時候，她剛剛成立了自己的搜尋引擎優化廣告代理商（後來也幫助我們做數位廣告）。在我們的合作過程中，她是我的夥伴，我們實際探索嶄新數位行銷工具的能耐，因為我定義了所有的**數據欄位**，以及銷售和行銷流程，確保了數據治理，所以我們能夠從新系統中，提取出投資報酬率來做報表，對於應該製作什麼樣的方案、行銷活動和內容，才能實現目標，在這方面我們可以做出更明智的決定。

　　我在未開發的系統環境下，橫跨多個數位行銷平台，建立起投資報酬率報表的功能，自從有了這些起步的經驗後，我換工作去了另外兩家擁有現成資料庫和銷售流程的公司，雖然我花了更多時間在評估和清理資料上（清理資料就**花了很多**時間），但基本原理是相同的。建立你的行

銷／銷售資料庫，以及從實際行銷活動中，建立起把數據
輸入這些資料庫的流程，這樣我就可以真正製作出顯示行
銷價值的報表。

我詳細列出了很多發生的事情，因為我已經明白，大
多數行銷人員是沒有這類機會或學習經驗的。我有過數據
分析的經驗和背景，我開始認為每個人都是這樣想的：**數
據是我的朋友，我將蒐集盡可能多的資料，因為我不確定
以後到底會怎麼運用，也不確定需不需要進行篩檢，但是
我寧可有資料，也不要無法做分析。最後，我所做的一
切，都必須能夠與公司的實際銷售有所關聯。**在我第一周
加入珍娜的廣告代理商時，我才恍然大悟。

當時是我在尋找下一趟冒險之旅的待業階段，珍娜與
我聯繫。過去我從未在廣告代理商工作過，我很欣賞珍
娜，包括她的聰明才智，以及她一心要把事情做正確的態
度。（我已經對官僚文化，及其如何扼殺主動態度有了粗
淺的認識，我曾天真地認為，每個人都希望把工作「做正
確」。）我身為 Marketing Mojo 的前顧客（兩次），我自認
自己是很好的「資源」，可以培訓團隊成員，讓他們了解
顧客對他們的搜尋引擎優化和數位廣告合作的期望，我心
裡是這麼想的。

在做培訓時，我專注於「轉換」。我已經注意到，像

是搜尋引擎優化報表中的「轉換」，不一定是我從商業行銷方面所認為的轉換。搜尋引擎優化報表是從Google Analytics中提取數據而製成的，並與該平台中定義好的目標有關聯。我試圖向B2B行銷人員解釋，「轉換」在理想情況下，不光是點擊或造訪網站，還需要與管道或營收連結。我舉了一個例子來說明，顯示數據的流向，從網站（例如，資料蒐集表格）到行銷自動化平台（其中保存了行銷定義的數據，包括潛客的活動），再到像Salesforce.com這樣的客戶關係管理系統（系統內的數據包含與潛客有關的實際機會、管道和營收，數據是透過表格進來的，並在行銷自動化階段加以處理，最終也希望這些潛客的資格符合，足以對其進行直接的銷售互動。我認為，這就是行銷人員對轉換的想法，並希望對轉換進行測量。）

都沒人回應。

好吧，也許沒有那麼糟，但是培訓的場面差不多就是這麼冷。然後，有人告訴我一件驚人的事：在過去兩年中，他們與各行各業多位已知的潛客和顧客的互動中，證實了一件事——顧客都沒有在做這些事的。而且，大概有人會酸說，他們又沒上過哈佛和麻省理工學院。[3]

3　作者之一的茱莉亞上過哈佛和麻省理工學院。

輪到我不回應了。什麼叫「別人都不這樣做？」你至少也要明白行銷轉換必須與管道和營收有關吧？

因此，保守起見，我在這裡告訴你，你當然不必上過哈佛和麻省理工學院，就能運用像這樣的數據，並實際使用數據來衡量你的投資報酬率，做出更明智的行銷決策。這有點讓我想起了《魔球》（Moneyball）一書中提過，統計人員被稱為「怪咖」或類似的嘲諷之詞。

但是，我似乎無法釋懷的是，其他行銷人員竟沒有這樣想，這是真的嗎？怎麼會這樣？有鑑於數位行銷數據所提供的可能性，這絕對是每個人至少應該朝向的方向，不是嗎？

我以為每個人都會運用某種的數位行銷數據，卻被打臉，這給我敲了一記警鐘，我開始更加留意，為什麼人們不這樣做？背後真正的原因是什麼？我又該如何幫助他們？

當我和珍娜為這本書進行不同方向的構思時，我們一直圍繞著數據、分析和投資報酬率有關的主題。（其中一個潛在的主題我做了過多的研究，那就是把量子理論與數位行銷連結起來，對，沒錯，我知道你在想什麼，但量子理論真的很吸引人，而且很有趣。）

從我們開始撰稿，到完成初稿的這段時間，在這個產

業已有兩筆價值數十億美元的收購案。這對我們來說，只
是證實了本書是在正確的時間出現的正確主題。就像之前
數位行銷出現時一樣，行銷數據分析將為行銷領域帶來一
場巨變，我們希望本書可以幫助你駕馭未來的變化。

前言

盤點行銷難題，
以及你「能夠做什麼？」

瞬息萬變的行銷部門與短命的行銷長

行銷長備受攻擊。在2019年，福瑞斯特市場研究公司（Forrester）預測行銷長（CMO）職位將減少，並指出「2020年代表行銷長的最後保衛戰」。

眾所周知，好一陣子以來，行銷長是最高層主管中任期最短的。此外，在過去幾年中，有一些非常著名的例子，例如沃爾瑪、嬌生和麥當勞這些企業對消費者（B2C）的大型公司，已經完全取消了行銷長的職位，而安插一些職責較不廣泛的角色，例如成長長（CGO）、行銷技術長（CMTO）和客戶長（CCO）。那麼，發生了什麼變化嗎？結果是，幾乎一切的事物都變了。

新的數位經濟已經顛覆了傳統的商業模式，從運輸和

供應鏈，到音樂和出版，甚至影響到更多的產業，使企業爭先恐後地要跟上、創新，否則就會被甩在後頭。數位經濟催生了全新的產業，從根本上改變了我們研究、購買、評論和相互交流的方式。在短短的幾十年中，數位經濟甚至主導了我們的生活方式，它改變了買家；消費者更會運用科技，他們對購物有著方便、購買便捷和個性化的期望，這些期望也是由亞馬遜等公司所設定的，後者每年在研發上花費數十億美元。

　　一般買家自知當今數位行銷可以做到的事情，從有針對性的廣告和再行銷（例如，那些在 YouTube 上顯示你剛才在看的產品廣告），到新的影片和社群媒體頻道。如果一般消費者現在都很懂科技，那麼執行長和其他業務主管就更懂了。更懂情況的執行長、財務長和營運長對行銷長的要求更高，行銷長身為行銷團隊的領導者，被要求在全新的管道中競爭，有時甚至需要打造全新的管道，做為公司發展和創新的來源。

　　2017 年 5 月，可口可樂任命詹鯤傑（James Quincey）為新任執行長。他帶來的變化之一，就是拔掉了全球行銷長的職位，然後行銷、客戶和商業領導策略被合併為一個職位，由雷斯波（Francisco Crespo）負責，他成為了新任

的成長長，向執行長匯報工作。在行銷長職位消失的同時，可口可樂任命了新的創新長（CIO），也是開始直接向執行長匯報，目的是「以提高能見度，並專注於努力將公司業務各個方面數位化」。

　　可口可樂取消了行銷長一職，以擴大成長長的角色。但兩年後，該公司又重新恢復行銷長的職位，且對這個職位抱有新的期望，從詹鯤傑以下這段話即可說明：

　　與消費者和購物者接觸，需要更大的交集和整合……因此，把正統的行銷與客戶、商業環節，以及根據數位互動的策略，全部整合在一起，將使我們在這種新的環境中，能更流暢地運作。（Ives, 2019）

　　實際上，當今行銷長的角色模糊，反映出行銷的負責範圍，與企業領導者認為行銷可以和應該負責範圍當中的差異。要在數位市場上競爭和獲勝，行銷領導者替公司親上火線，承擔著巨大壓力，而短期內的任何失敗，無論公平與否，通常都會歸咎於行銷主管。行銷領導者被寄予重望，要駕馭消費者瞬息萬變的期望，要發現新的數位機會，並要始終掌握每一種有助益的新數位技術。雪上加霜

的是，隨著行銷科技不斷快速發展，光是掌握新技術就是
一場持續不斷的硬戰，行銷長的角色也越發艱難。

從數據和分析切入，重新「振興」行銷工作

　　行銷長和行銷的功能必須重塑。如果他們自己沒有做
到這一點，就會被別人給取代，情況就變得令他們無法控
制，且無法帶來好處。但是，對於那些重塑成功的人來
說，這是一個大好的機會，而且就從數據和分析開始。

　　行銷領導者若認為行銷還是那個一如以往的領域，以
為數位行銷只是一套要來探索的新工具和新管道，將會輸
給那些明白行銷已經徹底改變的人，現在的行銷必須透過
人員、流程和技術，這些是每家公司裡要合力達成的部
分，才能讓行銷發揮巨大的影響。

　　由於數位經濟及不斷發展的行銷科技讓數位經濟更加
蓬勃，現在行銷有了第四個關鍵面向——就是數據，或者
更具體地說，是能夠利用分析的能力，從所有現代行銷人
員都能獲得的大量數據中，蒐集有意義的資訊（見圖 I-1）。

　　數據是新的行銷戰場，包括從潛在買家在社群媒體或
在數位財產上提供的個人資訊，再到你從銷售和行銷作業

中獲得的量化結果。在分析的時代，根據你們公司獨特業務目標的觀點，用智能的方式捕捉、篩選和解讀到的，正是這些數據。它們可以為任何類型的業務創造競爭優勢，並展現行銷可以和應該具有的真正價值。

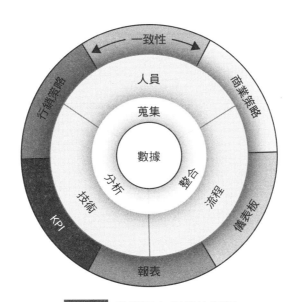

圖 I-1　數據至上行銷的框架

　　運用數據和分析來獲得競爭優勢，並不是一個新點子，而且也不僅限於行銷方面。但是說的和做的，可能是天壤之別。在過去幾年中，人們已經愈來愈使用「數據導向行銷」這個詞，但是按照今天的做法，它還沒被發揮地

淋漓盡致到真正改變行銷人員及其組織機構，好讓我們所有從堆積如山、不斷增長的數據中，獲得最大收益，而這就是數據至上行銷的意義所在。

「數據至上」將證明行銷的價值

數據至上的行銷是一種新的行銷策略，注重以智能的方式，利用當今可取得的大量行銷數據，在各種行業中，創造真正的競爭優勢。它把數據導向行銷與商業策略和目標結合在一起，並且需要人員、流程、技術、數據和文化各方面從上而下的轉型。

會勝出的行銷領導者會欣然接受數據，並迅速採取行動，成為各自行業中的早期採用者，來利用優勢。借助行銷數據分析，這些行銷領導者可以清楚地向企業的其他人員展示，行銷對整體業務成功的重要性，並透過測量指標來證明這一點。

正如我們每天在工作中看到的情況，並不是每個人都可以做到這一點，事實上也不是每個人都能做到。俗話說得好：如果很容易，大家早就做了。「富比士洞見」（Forbes Insight）網站最近為數據平台 Treasure Data 進行的調查

〈數據與巨人：瓦解顛覆者的顧客數據策略〉[1]，詢問了400位在市值10億美元以上公司的主管（行銷長、行銷負責人、數據長或分析長，以及客戶經驗負責人），統計他們在數據導向行銷方面的進展，其中的重點如下：

- 只有25％的主管表示，他們能夠充分利用他們手上的數據。
- 只有13％的主管認為，他們已採取必要的步驟，來確保自己充分利用顧客數據。
- 有65％的主管表示，顧客數據分析尚未提高公司的競爭力；只有1％的主管表示，他們有發現明顯的變化。
- 在兩年內，他們預計這種情況會發生驚人的變化，其中40％的主管認為，若能掌握數據，他們的競爭能力將發生明顯變化。

　　現在，機會就在我們面前。不光是行銷長面臨被拔官的危險，要想在分析時代中競爭和勝出，需要每一位行銷人員，從行銷長到團隊成員，都採用數據導向行銷方式。

1　Data versus Goliath: Customer Data Strategies to Disrupt the Disrupter

我們的數據至上行銷策略，以及本書中詳細介紹的5個步驟，都是為了幫助你實現目標。

我們把本書分為兩大部分：

- **第一部分**：針對行銷人員和高層主管，概述了數據至上的行銷原則，以及對於不同規模大小的企業，數據至上的行銷原則有何價值。尤其是中小型企業，如果要與財力雄厚、規模大更多的企業競爭，你可能會發現採用數據至上的行銷不僅更容易，而且可以利用這種方式來「公平競爭」。如果「大家都知道」他們應該這樣做，為什麼他們還沒有這樣做呢？我們探討了採用數據至上行銷的過程中，會遇到的挑戰和障礙，並提供了克服這些挑戰的技巧。

- **第二部分**：主要是針對行銷人員來設計的，著重於我們為行銷組織定義的5步驟藍圖，來著手數據至上的轉型。我們提供了一項自我評估，以幫助確認你的組織目前在數據至上行銷成熟度模型中的位置，這個評估可以由組織中的任何人完成。

步驟1：描述了行銷到銷售的一致性，這對於之後的其

他一切事情，都是非常重要的。

步驟2：深入研究數據，從策略到整合，再到治理。

步驟3：為行銷人員提供了實用的技巧，來分析自己的數據。我們不是數據分析師，對於書中包含的各種分析，提供見解不在我們的範圍內。

步驟4：開始把數據至上行銷應用於日常活動，提供數據至上行銷活動的框架，並舉例說明，數據幫助我們定義和執行數據背後的方式和原因，從而使我們可以更快、更聰明、更有效率地完成工作。

步驟5：深入研究如何為我們的人員發展和招聘合適的技能組合，並開始建立真正以數據至上的行銷文化，而在這種文化中，數據是你優先想到的，而不是最後或事後才想到的東西。

我們寫這本書，是為了幫助像我們和代理商客戶這類的行銷人員，因為我們都必須進行這種轉變，把數據和分析融入我們的日常工作中。就像所有重大變革一樣，這令人不安，當然也不容易，但是下次當你的執行長問起一項行銷活動時，你除了向他展示廣告素材的圖片之外，你還

可以拿出圖表,顯示新的潛客資訊、新的管道,或新的營收,這些都可以追溯到該行銷活動,所以轉變是絕對值得的。

Part

1

光靠數據導向行銷，
還不夠！

第一章
數據分析時代的
行銷工作

證明行銷對企業的價值

　　2006年，我（本書合著者茱莉亞）在一場本地科技行銷活動中，遇到了一家網路電話新創公司的行銷長。該公司成立於2004年，經過幾輪的籌資後，資金雄厚，總額達八千萬美元。這顯然是一個競爭激烈的領域，除了非常大型的知名電話公司對手已經「擁有」了新創公司所覬覦的顧客之外，其他家網路電話新創公司在行銷和廣告上，還投入了大把的鈔票來建立自己的地位。主要的商業策略似乎是盡快獲取更多的新顧客，但是獲取顧客的成本很高，而每位顧客帶來的營收卻不高，因為網路電話的主要競爭優勢，是做為比傳統電話更便宜的替代方案，特別是國際電話。

　　在與行銷長的討論中，她談到了她的團隊正在做的搜尋引擎優化——他們對大約 15,000 個關鍵字進行優化。若說當時的我啞口無言，恐怕還太含蓄了。當時我有幾個想法（謝天謝地，還好我一個字也沒有脫口而出）：**15,000 個關鍵字？哪有可能？和網路電話相關的關鍵字真的有 15,000 個嗎？她的團隊有多少人，這些人是在公司內部或在廣告代理商那裡？**

　　這件事還是發生在亞馬遜變成市場霸主的前幾年，而亞馬遜的業務含括那麼多的品牌，如果是亞馬遜表示，他們正在針對 15,000 個關鍵字來優化他們的網站，我會相信他們，也許還會認為這個數字偏低，因為亞馬遜提供了數百萬種的產品。但是，這家新創公司提供的，只有網路電話服務而以。

　　我們換個方式來看這個問題。假設她的搜尋引擎優化團隊花了 10 個小時來為每個關鍵字優化網站，按照每人一年 10,400 個工時來計算，那就需要將近 15 個人專職於這一項任務，還不包括搜尋引擎優化所需的關鍵字研究、內容開發、監視、報告、分析、技術導向的優化任務等等。她的團隊怎麼能有效地優化那麼多的關鍵字呢？答案確實是不能，所以不到一年，當我聽到這家資金雄厚的新創公司關門大吉時，我並不感到訝異。

▋ 數量指標與價值指標

　　我除了不認同要優化那麼多關鍵字之外（或者說，我質疑這是個好主意），我還發現，行銷人員看待我們工作主力的指標，與我個人的看法，有很大的出入。

　　許多行銷人員必須克服的數據挑戰之一，是偏重於數量指標，而非價值指標。數量指標追蹤的是業績或效率，相反的，價值指標則評估了互動的品質，或互動對顧客關係和盈利能力的影響。（Starita, 2019）

　　行銷人員受到數量指標的吸引。想當然耳，數量指標使我們看起來很厲害。「網站流量比去年同期成長了100％。上個月，我們的網站有200萬次的流量。」有了這樣的數字，結果只會對業務有利，對嗎？

　　但是，如果你更仔細觀察，你會發現類似這樣的數量指標只是故事的開始。價值指標才更可以告訴你，價值指標的數字對業務很重要的原因。**為什麼流量上升這麼多？是因為網站上的特定內容嗎？流量上升是因為產品和服務頁面的緣故，還是因為公司人才招募的資訊？最重要的是，我可以把這些流量增加的原因，與業務的實際管道或**

營收連結起來嗎？

　　像網站流量之類的數量指標很容易獲得，它們是你在大多數現成的績效報表中首先會看到的東西。相反的，價值指標需要經過挖掘才能得到，並且需要掌握背後的相關知識，以確保你挖掘的方向正確。更棘手的，是試圖將任何類型的指標與營收連結起來。這通常需要某種程度的數據整合能力，因為像網站流量這樣的數字，可能與銷售數字儲存於完全不同的資料庫或平台中，更不用說要求某種程度的程式設計或工作流程自動化，希望能從買家旅程一開始，到最後可能達成成交，要一路追蹤瀏覽網站的潛客，真是難上加難。價值指標愈「有價值」，顯得愈難實現，這一點不令人意外。

　　我們回到那家網路電話新創公司的例子，也許他們當時的想法是這樣的：

　　行銷長對執行長說：我們在用 15,000 個關鍵字來優化網站。

　　翻譯：看看我們做了多少工作！你看看，可以告訴投資人，我們做了那麼多工作，他們對公司大筆的投資獲得了回報。我們所做的工作既重要又複雜，只需看看我們積極優化了多少個關鍵詞，以確保在 Google 搜尋中，我們

的公司會出現在每個長尾關鍵詞[1]搜尋的第一頁。

　　也許，專注於搜尋引擎優化和合適的數位廣告，是快速獲得大量顧客的行銷策略。但是，如果我是執行長，那不是我第一個想要知道的數字，我第一個想要知道的是：**搜尋引擎優化帶來了多少新顧客？**

　　如果你以為你可以在董事會會議、廣告代理商或客戶的月度會議之類的場合，拿出數量指標，來證明你做得有多好，而不被問及原因，那是非常目光短淺的。愈來愈多的執行長、財務長、銷售人員、客戶，會要求行銷人員證明成效，這帶給許多行銷人員無法克服的全新挑戰。

　　我們生活在被數據包圍的分析時代，但這並不意味著我們擁有正確的思維方式、技能和經驗，可以在日常行銷任務中，運用數據做得更多、更快、和更好。我們知道應該朝著數據導向行銷的模式邁進，但這對我們的行銷團隊來說，到底代表什麼？我們又該如何實現呢？在本書中，我們嘗試回答這些問題，並定義了數據至上的行銷策略，這種策略從大公司到一人公司，每個人都可以實現，並且

1　長尾關鍵字也可能是短詞，不管詞的長短，只要是因搜尋該詞而導入的流量是很低的，就可能成為長尾關鍵字。非主力關鍵字的總流量，可能超越主力關鍵字的流量總合，這些非主力關鍵字就是長尾關鍵字。

最重要的是，要確保你永遠不必勉強接受數量指標，來顯示行銷對企業的價值。

數位化轉型為「數據分析時代」揭開序幕

誰能知道在短短幾十年內，我們的世界會因為科技而發生多大的變化呢？自1989年網際網路發明以來，我們經歷了網路公司的繁榮與泡沫化；手機、網路影片和社群媒體平台的興起與稱霸，消耗了人們的時間和注意力；雲端運算及大數據的崛起，以及使數據普遍存在和有意義的測量工具等等。

我們在本書中關注的數位行銷轉型，催生了可操作的數據和一系列在十年前開始興起的全新行銷技術。但是，數位行銷的根源可以追溯到早在這之前的十到十二年，因為這十年來，受到科技輪替的影響，演變出最後留存下來的科技。

當我們回顧數位行銷的主要里程碑時，我們察覺到，我們可以將迄今為止的數位行銷革命分為三個「時代」：發現時代、清算時代，以及最後是我們現在所處的分析時代（見圖1-1）。從圖中可以看出，當新的時代開始時，上一個時代可能還會持續一段時間，例如，「發現時代」的

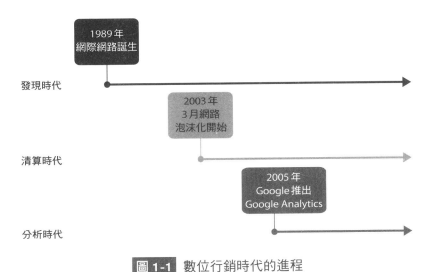

圖 1-1 數位行銷時代的進程

(感謝行銷科技網站 Chiefmartec.com 和數位行銷工具平台的史考特・布林克〔Scott
Brinker〕，讓我們借用「清算時代」一詞，雖然我們使用的方式與他有些不同，但
是這個詞最早是出現在他的行銷科技「第二個黃金時代」圖片中。)

特徵在於基礎數位行銷技術，像是 1989 年的全球資訊網，
但是新的基礎技術不斷出現，像是數據導向的定向電視廣
告投放，提供了不同以往、只有在數位廣告才有的精準行
銷，取代以前電視傳統、不精確的廣告，僅能做到對目標
對象根據年齡和性別來劃分。

▌發現時代

發現時代（見圖1-2）始於1989年全球資訊網的誕生，使我們今天知道可以這樣運用網站，而到了1993年則出現第一個帶有廣告的商業網站——全球網路導航器（Global Network Navigator，簡稱GNN）。拜這一時期所賜，我們得以啟用今天在數位行銷領域的基礎和開拓性技術。

1996年，全球網站的總數只有十萬個，而如今已有超過十億個網站。當時最受歡迎的網站是早期的搜尋引擎和線上社群，例如「美國線上」和網路服務提供商CompuServe，人們只是上網站去看電子郵件，或與其他使用者聊天。在大多數情況下，商業網站都是線上的「廣告告示牌」，衡量方式仍然按照傳統的廣告方法，使用「眼球」或曝光次數。

等到「發現時代」的第一部分結束時，美國線上的會員已經成長至超過2,300萬人，並且隨著第一波郵件程式的湧現，垃圾郵件也隨之而來。Google推出了他們無處不在的搜尋引擎，Eloqua（行銷自動化領域的早期領導者，現已整合到Oracle Marketing Cloud中）和Salesforce（雖不是第一家銷售客戶關係管理CRM系統的公司，但它肯

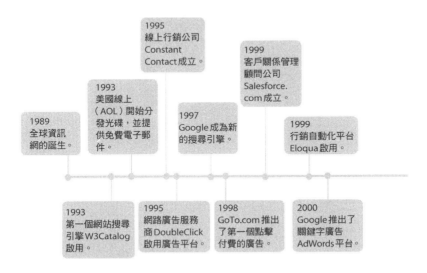

圖 1-2　發現時代：基礎數位行銷技術

（請注意：我們顯然無法在上述時間表中納入每家公司和每個里程碑，因此我們試著
　顯示最容易識別、或「第一」的大事。）

定在B2B公司中是重量級角色）也都成立了，這些大事件
促使數位行銷人員開始理解資料庫和其功能，成效是遠遠
超出了把顧客聯繫資訊儲存在Excel試算表中的範圍。後
來Google推出了非常成功的AdWords平台，即是建立在
由GoTo.com所推出的每次點擊付費模式基礎之上。

數位行銷可實現「精準測量」

　　數位廣告是很棒的例子，說明了以往和現在，以及傳

統和數位廣告在追蹤和衡量成效方面的真正差異。一直以來，衡量平面廣告的效果都相當模糊和不精確。從 1800 年代後，報紙和期刊上就一直有廣告，廣告主盡力地讓廣告與出版物搭配，以吸引出版物的目標對象。印刷廣告的成本端繫於發行量，發行量首先由出版者提供（通常有灌水之虞），最後至少由第三方審核，以驗證出版物的潛在廣告目標對象。這裡的關鍵字是「潛在」，因為如果沒有根據「使用者行動」的行動來評估，你不知道實際上有多少人看到你的廣告。老實說：人們購買雜誌，不是要來看廣告的。當你下平面廣告時，你買的是對出版物訂閱戶的接觸；你花錢用買的，只能衡量「潛在」的眼球或曝光次數，而不能衡量到目標對象與廣告的實際互動。你可以使用一些策略，試圖更進一步地衡量目標對象的參與度，像是特別優惠代碼、個性化網址、電話專線等等，但是你將永遠無法獲得「眼球」的實際數量。

相比之下，使用每次點擊付費計算，可以更具體地評估數位廣告的效用。既然可以選擇，你為什麼要為「潛在的」眼球付費，卻不改為只替實際點擊你廣告的人數付費呢？像許多數位行銷的創新一樣，在投資報酬率的報告方面，點擊付費開闢了另一種不同的準確度。數位廣告平台包括廣泛的工具和參與度報表，可以評估潛客**每次點擊**內

置在廣告中的行動呼籲，把瀏覽者引導至你的網站，最好是客製的到達網頁，你可以向瀏覽者詢問更多的資訊，例如他們的姓名、電子郵件、公司、頭銜等。你的內容愈貼近瀏覽者，瀏覽者感同身受的機會就愈大。

這很重要，原因有兩個。第一，你現在已經直接與潛在買家接觸了，你可以與他們聯繫，並在他們的購買過程中經營關係；第二，如果你具有Cookie[2]和行銷自動化等技術，則可以將這名特定的瀏覽者與他過去的行為進行媒合，即使你還不知道他的具體身分，但他過去的行為仍會被追蹤和記錄。把這些資訊結合起來，就可以全面了解每一次行銷觸及潛客的方式，當需要分析行銷活動的績效和效果時，這就是關鍵數據，從而為公司帶來實際的管道和營收。

這種橫跨多個管道來追蹤買家旅程的能力，需要一定程度的成熟度，並且需要整合到數位行銷平台中，這些數位行銷平台一直存在，直到「清算時代」（見圖1-3）。

2　意指某些網站為了辨別使用者身分而儲存在用戶端上的資料，通常會經過加密處理。

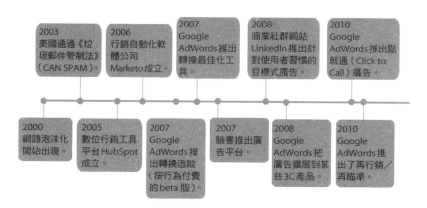

圖 1-3 清算時代：網路公司破產和存留下來的行銷科技

清算時代

1990 年代後半葉的網路公司泡沫是科技公司蓬勃發展的時期，「新創公司」成了家喻戶曉的名詞，似乎每個人和自己的搭檔都有開新科技公司的好點子，希望事業成功，並能夠獲得豐厚的金錢報酬，隨著這個市場愈發展，宣傳和力量就愈大。

那斯達克指數中有許多龍頭的高科技公司，指數從 1995 年的約 1,000 點，飆升到 2000 年的 5,000 點之上。那時有些公司透過首次公開募股上市，並獲得極高的估值，有時候首次公開募股首日的股價便翻倍。一切都是那樣美

好，彷彿只要有個點子就可以開始賺錢。（Geier, 2015）

　　2000年，網路公司泡沫破裂。不管某個點子多麼棒，或者品牌形象多麼吸引人（pets.com曾有大受歡迎的小狗布偶，還有人記得嗎？），如果一家企業無法找到真正賺錢的方法，它就無法生存。尤其是科技業，需要真正的「殺手級軟體」才能成功：一種可能被廣泛採用的軟體，並可以用來賺錢。

　　數位行銷也同樣受到影響，早期的數位廣告、電子商務平台等，若不是消失，就是被收購，然後被重新包裝。任何新的行銷科技會出現，都是著眼於有可以獲利的實際應用程式。當今數位行銷的大部分主力都是在這一個時期推出的，包括Google關鍵字廣告（2000年，也在發現時代）、臉書廣告（2007年）、LinkedIn廣告（2005年）和YouTube廣告（2005年）。

　　與數位廣告一起出現的是行銷自動化平台，例如Eloqua（1999年，也是發現時代）、Marketo（2008年）和HubSpot（2005年），這些平台使得單獨的行銷者可以吸引上千，甚至上百萬的潛客，並自動進行篩選過程，把他們縮小到只篩出真正的銷售潛客。對於許多公司來說，數位時代的推廣工作跟以往完全不同，不僅是對於《財星》

（ *Fortune* ）500 大企業是如此，他們握有廣告預算和廣告代理商，可以透過傳統廣告，觸及到數百萬人。前文提過，Salesforce.com 在 1999 年的發現時代，推出了第一代的客戶關係管理平台，根據從事資訊科技研究的顧能公司（Gartner）—— 這不是第一個客戶關係管理系統，但它使業界發生革命性的變化，如今 Salesforce 在全球占據了客戶關係管理系統約 20％的市場，位於領導地位。

前面我們比較過傳統與數位廣告，而行銷科技工具的廣大便利性和採用，意味著任何公司都可以在有人與你的線上廣告互動時，追蹤每一次的點擊。此外，行銷人員會在買家的整個旅程中，提供「胡蘿蔔」，例如特價商品或相關內容，以吸引買家給你更多有關他們自己的資訊，進而實現更多個性化推廣和追蹤，無論是從自動化的行銷，或是在買家與銷售人員面對面溝通後，被認定為是真正的銷售潛客。把這些資訊乘以上千或上百萬，你將看到顧客數據爆增。

對於 B2C 公司而言，來自新的行銷科技工具和平台的爆量數據，可能接近大數據的程度，需要使用能夠處理這樣龐大數據的先進數據分析工具、專業數據科學家和分析師，甚至是人工智慧和機器學習的工具，來進行預測性分析。

　　對於我們其他人，特別是對 B2B 公司而言，大量可用的行銷數據帶來了極大的機會，但是大多數行銷人員都沒有做好準備來利用這些數據，因為他們缺乏我們在這本書中探討的技能和數據至上的思維方式。我們可以指出，這是由於缺乏行銷數據分析方面的實務教育，但正如我們所看到的，這方面的技術發展如此之快，不管是誰都很難跟上。

　　對於所有行銷人員來說，行銷數據的爆炸預示著分析時代的來臨（見圖 1-4），這時他們需要工具和訣竅，替企業把數據轉換為可行、積極的成果。

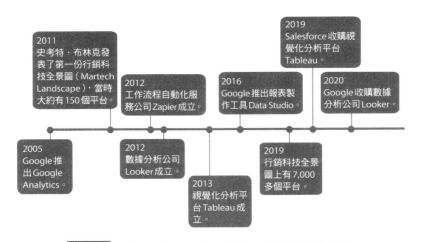

圖 1-4 分析時代：從客戶的爆量數據中洞察關鍵

■ 分析時代

分析時代的特點在於行銷數據的爆炸性成長，以及必要的數據取得／管理、視覺化想像和分析工具，這些東西的出現幫助行銷人員處理愈來愈龐大的數據負荷。在出Google收購Urchin公司後，於2005年推出Google Analytics，掀開了分析時代的序幕。對於許多行銷人員來說，這是他們第一次體驗數據分析，影響深遠，正因為如此，也讓行銷人員對於往後的分析工具，抱有很高的期待。

隨著數位行銷的演變，不斷產生出新的管道，例如社群媒體平台、新技術（行動裝置、連網裝置和物聯網）、新的行銷科技（視訊會議和網路串流），所有的東西都有自己的一套數據。根據IBM行銷雲（IBM Marketing Cloud）發表的「2017年十大關鍵行銷趨勢」估計，當今全球90％的數據都是在過去兩年中產生的，且數量還在不斷增加中。

以這種速度產生的數據量，再來看看行銷科技所佔的部分就覺得很驚人。2011年，Chiefmartec.com製作的行銷科技全景圖，上面有約一百多家廠商（見圖1-5）。

到了2019年，行銷科技的廠商暴增到七千多家，可分成數十種不同的類別，全球市場規模達到1,215億美

圖 1-5　2011 年行銷科技廠商的全景圖

圖片來源：Chiefmartec.com 的史考特‧布林克所提供。

元，幾乎是2018年市值的兩倍（見圖1-6）。

　　除了要掌握似乎愈來愈多的數位行銷技術，這點很複雜之外，行銷工作者還需要取得、管理、整合和分析每個工具的特定數據集——無論是行銷自動化和客戶關係管理的實際資料庫，還是從每個行銷科技工具所產生有關績效、觸及等指標，所有這些行銷科技工具和平台的基礎都是數據。

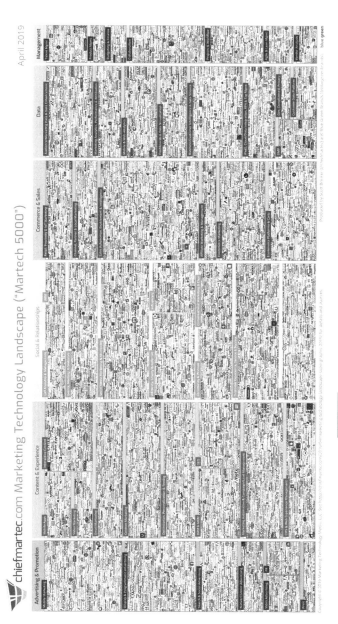

圖1-6 2019 年行銷科技廠商的全景圖

圖片來源：Chiefmartec.com 的史考特‧布林克所提供。請掃描 QR Code 以獲取大圖

社群媒體還提供了寶貴的數據，這些數據是人們自己提供的，社群媒體的平台讓廣告商可以鎖定客群，不過，最近的隱私問題和醜聞，顯然對此類數據的獲得方式和可運用數量產生了影響，但這並沒有減緩廣告營收。2004年，MySpace定義了社群媒體約有100萬名使用者。在2019年，光是臉書就有23億使用者，估計全球每3人就有1人使用社群媒體，每3位網民就有2人使用社群媒體。社群媒體可提供的數據量相當驚人，從人口結構數據，像是頭銜、公司和性別，到個人喜好，以及所屬的團體等。

但是，如果沒有能力來解釋和利用數據，據以做出更明智、更快速的決策，數據根本沒有意義。更具體地說，我們談論的是行銷數據分析，經由顧客數據，以及相關的銷售和營運數據（內部和外部）進行篩選，以定義個人化行銷，吸引顧客，改善市場區隔和定位，並開發更有效和更能鎖定客群的內容和行銷活動。

數據分析是數位行銷中的下一個焦點。2019年，數位行銷領域的兩筆重大收購案，都涉及大型行銷科技公司搶奪數據視覺化和分析公司，並迅速把其功能添加到自己的平台中——2020年，Google以26億美元的價格收購了Looker；2019年，Salesforce以157億美元的天價收購了Tableau。Salesforce的執行長馬克‧貝尼奧夫（Marc

Benioff）在收購新聞稿中描述此舉動的策略定位：「我們
把全球排名第一的客戶關係管理公司與排名第一的分析
平台結合在一起，Tableau可以幫助人們查看和理解數據，
而Salesforce可以幫助人們與顧客互動和理解。對於我們
的顧客而言，這確實是兩全其美的選擇，把每位顧客需要
了解自己領域的兩個關鍵平台，結合在一起。」

　　這裡要強調的是，Tableau對Salesforce來說的價值為
157億美元，是超過Tableau年營收的十倍。顯然，
Salesforce下了很大的賭注，認為他們的目標客戶（B2B
公司）認同數據分析的必要性，並願意為此掏出荷包。

　　尤其是B2B公司，如今有機會在最早期就利用各自
行業的數據和分析，並創造真正競爭優勢。但是，挑戰在
於，公司若要成功，必須遠遠超越今天大多數其他人也在
做的數據導向行銷，例如使用Google Analytics，在孤立
的行銷科技平台中，檢視指標；而是要欣然接受真正的組
織轉型，以達到數據導向行銷的下一個境界。

建立MarTech工具組合：因應倍增的數據及分析需求

　　從2004年開始，數位行銷行業開始進入「清算時代」

的震盪期，並在某些已證明是有價值的關鍵行銷科技平台上，實現標準化。我（本書合著者茱莉亞）還記得增加數位行銷管道和工具的過程 —— 運用搜尋引擎優化和 Google Analytics，來進行基本流量分析，當然，首先要從網站著手，然後是部落格，這給了我們最初的數位行銷績效報告。

再來是 Salesforce 能為行銷和銷售客製化，在電子郵件行銷工具 Constant Contact 上導入電子郵件清單，進行爆炸式的電子郵件行銷。Salesforce 讓我大開眼界，因為它讓我第一次使用看似簡單、但功能強大的 Salesforce 報表引擎，製作出真實的投資報酬率和顧客數據報表，讓我們把任何可取得的數據欄位，輕鬆地進行劃分、切割和篩選。

舉例來說，如果我想做出一份報表，僅顯示已成交新顧客來自哪一種潛客的管道，那麼我必須檢查這些資訊欄位是否存在，並建立我需要的欄位，確認這些欄位確實都有資料，然後再製作出報表；我的電子郵件行銷平台 Constant Contact 也對我發出的每封行銷活動電子郵件製作績效報表；然後出現了數位廣告，首先是在 Google AdWords 上，然後是在 LinkedIn 上，所有這些平台都有自己的一套績效報表。

　　每次當我在MarTech工具組合[3]中添加一個工具時，我需要用來分析行銷活動績效和效率的數據量就會倍增。等到了我添加Eloqua行銷自動化平台時，我已經非常願意開始整合所有這些不同的行銷數據來源，以便在Eloqua和Salesforce的組合上實現標準化，為我所有的行銷活動提供全面、多管道和多歸因的報表。

　　正如Salesforce是銷售的客戶關係管理系統一樣，Eloqua成為了我的行銷客戶關係管理系統，這使我可以獲得和管理更多的顧客數據，超過我以往所能接觸到的數量，這是由於潛客數量的增加，以及每名潛客所增加的資訊量，從人口結構，到使用者的操作行為，例如註冊網路研討會、點擊電子郵件連結或下載白皮書，這些操作的資料都會自動紀錄，並保存在資料庫中，與該名特定潛客相連。Eloqua讓我自動獲得這些數據，透過電子郵件通訊或警示，進行後續追蹤，並將所有這些數據整合到一個易於存取的資料庫中。

　　添加數據到MarTech工具組合時，過程中的每一步都會增加其分析功能，即便只是基本的績效報表。但是，數

3　MarTech意指Marketing（行銷）與Technology（科技）的結合，也就是行銷科技。「MarTech工具組合」則泛指所有可供企業優化行銷工作的科技方法。

位行銷工具組合和數據儲存量不斷擴大，其複雜度和規模若用手動方式，來整合來自不同管道和來源的數據，效率是愈來愈低。

坦白說，這是每季都會出現的苦差事，可不是我想做的事情。要不是大部分流程都能夠自動化、我只需做基本的操作，就能實際製作出給高層主管的報表，不然我不確定我還會這麼做（或者不會做得這麼頻繁）。

▌行銷前最重要的事：數據分析

如今，你會發現到處都有人在談論數據的重要性，從分析、數據倉儲，到測量指標和情報等。數位化轉型的最大結果之一，就是行銷人員蒐集到買家行為的數據大量增加，不僅是在他們成為顧客之後的數據，而是從一開始他們「上網搜尋你」時的數據，以及在買家「成為顧客」的每一步數位足跡中，都指望能蒐集到他們的所有行為數據。

2007年，大衛・史考特出版了引人深思的著作《新行銷聖經》。隨著數位行銷的發展，大衛這本歷久不衰的成功著作最近推出了第七版，如今已被翻譯成29種語言。然而，回顧其著作首次問世的時候，我們現在才明白，那

本書記錄了數位行銷革命的開始，而推動的力量來自於「發現時代」最初爆量的數位技術，以及在清算時代採用了倖存下來，並可以賺錢的技術。

到了 2007 年，從全球資訊網，到搜尋引擎，再到數位廣告平台，數位技術已經足夠成熟，並獲得了足夠廣泛的商業應用，因而開始完全轉變行銷可以發揮的範圍。數位化是一個全新的領域，具有誘人的新前景，而且更重要的，是它可以被實現的前景：能夠準確地根據潛在顧客的需求，準確地在他們找東西的時候，接觸到他們。

但是，沒有人說過這會很容易。

理解行銷科技爆炸性的成長是非常重要的，因為這反映並推動了行銷人員所期望的快速變化和發展；有許多全新的數位管道要去探索，有新技術和新技能要去掌握和整合，還有大量的數據要去蒐集、分析和利用。

傳統行銷還沒消失，相反的，數位行銷已把我們的專業領域變得可以做得更多、更好，同時更容易，但某方面也更加困難。

B2C 公司特別了解當今競爭的環境，情況截然不同了，因為透過社群媒體和從每名買家的消費旅程中，公司自己就可以獲得的數據，比以往掌握的買家行為和訊號等資訊都還要更多。爆量的顧客數據，以及大數據技術的成

長和便利，改變了B2C行銷人員的優先事項——要擁有
顧客體驗和掌握顧客數據，以便能夠對不斷變化的顧客情
緒，快速做出回應，並為每名顧客提供個性化的訊息和體
驗。目前，有關行銷數據分析的案例分析和研究，主要集
中在B2C公司，以及他們如何在組織中利用數據分析和
數據導向行銷：

> 現在，一小部分技術領先與技術普通公司之間的績
> 效，存在極大的差異，在某些情況下，形成了贏家通吃的
> 態勢。領先的全球「獨角獸」往往是以數據和分析做為其
> 商業模型，例如叫車平台 Uber、Lyft、滴滴出行、數據分
> 析軟體公司 Palantir、印度最大電商 Flipkart、Airbnb、大
> 疆創新、Snapchat、Pinterest、歐洲共乘平台 BlablaCar 和
> Spotify。這些公司透過數據和分析資產、流程和策略，
> 來實現差異化。（MGI, 2016, p.6）

但是，儘管B2C公司可能同意數據導向行銷是當務
之急，但實際採用的速度比預期的要慢。即使是名列《財
星》1,000大的企業，雇用了數據科學家團隊、使用大數
據和人工智慧工具，也未能充分利用所有這些數據，來獲
得有意義的商業見解。2016年，麥肯錫發布了一份報告，

名為「分析時代：在數據導向的世界中競爭」[4]。這些資訊
和案例來自《財星》1,000大的企業，說明了儘管數據導
向行銷前景樂觀，但仍有很大的發展空間：

> ……許多公司已經開始部署數據和分析，但尚未實現
> 數據的全部價值。有些公司透過進行大規模的技術投資，
> 來應付競爭壓力，但卻未能做出必要的組織變革，以充分
> 利用這些投資。有效的轉型策略可以分為幾個部分。首先
> 應該是提出一些基本問題，來勾勒策略願景：數據和分析
> 將用來做什麼？洞察到的見解將如何推動價值？價值又
> 該如何衡量？（MGI, 2016, p.4）

　　每間公司，無論大小，在努力實現數據導向的願景
時，都應該先問自己這些基本的問題。

▊ 轉向「數據至上」的行銷

　　當涉及到B2B公司時，其採用數據導向行銷的速度
甚至更慢，但機會是龐大的。B2B行銷人員已經可以從使

4　The Age of Analytics: Competing in a Data-Driven World

用中的各種行銷科技平台中獲得行銷數據，包括買家行為，到行銷活動效果和投資報酬率的統計數據，或者透過與每家公司的主要績效指標相關的數據蒐集和整合，進行一些改變，以便隨時就可獲得這些行銷數據，但大多數B2B公司的行銷團隊並未利用這些資訊。數據至上的行銷是轉變為以策略方式來思考數據，並將數據納入行銷的日常活動中。

首先，行銷領導階層（行銷長和行銷主管）透過向企業解釋使用這種新的思維方式，可以實現的目標，並與執行長、其他最高層主管和銷售團隊等主要利益相關者合作，重新設定行銷目標、價值和投資報酬率的期望，並使用實際數據來顯示，從而推動了數據至上的行銷工作。這也需要行銷領導階層重新培訓、保留或雇用具有正確技能的行銷人員，他們可以採用數據至上的思維，並調整行銷流程，如活動的執行，以支持數據至上的目標和必須完成的部分。

根據我們與各行各業的實際經驗，對於數位行銷的前景和行銷人員如今所做的現實情況，在組織中為何形成極大差距，我們有很多想法。但歸根究柢，大多數行銷人員都不知道要從哪裡切入，對於從頭到尾的做法也沒有清楚的途徑可循。

　　在本書中，我們探討了採用數據至上的行銷原則、行銷必須做到的事情，以弭平現況與企業期望之間的差距。更具體地說，我們提供了「數據至上的行銷活動框架」：一個可存取、可重複、整個組織都能接受的流程，從業務目標為起點，以行銷活動和資產數據分析為終點，這個流程反饋到下一次行銷活動的迭代中，以創造持續改進的文化。我們將闡述使用數據至上的行銷，來改造組織所需的步驟，以及如何針對每個組織的情況進行調整。行銷的基本原理沒有改變，例如，產品（product）、價格（price）、通路（place）、促銷（promotion）這四個P，但是我們需要運用它們，來利用數位行銷、行銷科技和數據絕對會帶來的機會。

第二章
《魔球》經驗：
數據會使競爭環境更公平

　　如果你留意周遭的世界，就不難理解我們現在生活在分析時代。科技和數位經濟已導致數據呈現爆炸性的成長，而每個行業或多或少都會運用到這些數據。

　　運動分析是全球專業運動的業界標準，每一場重要的網球巡迴賽都會強調有趣的統計數據，甚至是預測分析，而且頂尖球手若負擔得起，會付出六位數美元的費用給數據分析師團隊，為他們提供競爭的優勢。一級方程式賽車採用數據分析，在每輛賽車上嵌入100多個感測器，以便在比賽中每秒產生3GB的數據和1,500個資料點，所有這些數據都會被加以分析，來制定整體的獲勝策略，並據此慢慢地調校賽車，這樣就可以在賽季中，將比賽的時間縮短關鍵的幾秒鐘。數據分析和對其投資的能力使F1賽事產生了很大的差異，F1聯盟正在對賽車開發等方面，制

定成本上限，以抵消最有錢的團隊相對於最窮的團隊所享有的極大優勢，因為這些優勢目前可以替豪門車隊贏得每場比賽。2019年麻省理工學院體育分析會議（MIT Sports Analytics Conference）在其網站上提到，在冰壺運動curlingzone.com網站的推動下，就連「冰壺」這項運動也跟進數據分析的浪潮。該網站從蒐集多年的冰壺得分統計資料著手，最終開發出「兩位2018年奧運金牌得主都在使用的分析結果」。

身為行銷人員，我們經常讀到行銷分析的重要性——通常是關於《財星》1,000大公司使用行銷分析，更了解他們的顧客群，以實現個人化體驗，更能吸引潛在買家，並建立起顧客的忠誠度。這些公司每年創造數十億美元的營收，按照平均營收的10.5％（使用2019-2020年顧能公司行銷支出調查的數字）來計算，他們的年度行銷預算在20到500億美元之間。

這種消費能力使他們能夠支付專業的行銷科技和人員，藉以推動他們的數據導向行銷計畫，而這對於我們大多數人來說，都是遙不可及的。例如，這些公司有能力投資顧客數據平台，以便為行銷人員提供統一的視角，來研究人口結構、行為和成交顧客的數據。根據顧能公司的說法，購買和執行顧客數據平台的平均費用每年約為10萬

至30萬美元，而如果顧客數據平台是自己研發的，則成本會高很多。

這些公司擁有龐大的行銷預算，有能力聘請數據分析師／科學家的團隊來當顧問或內部員工，藉以從所有蒐集到的昂貴數據中，獲得見解。有鑑於這些公司的優勢，他們應該成為我們其他人的先驅，成為我們轉向數據導向行銷時，其他人應該努力的榜樣。然而，似乎規模大的公司也有其缺點。對於大型組織而言，改革尤其困難，而且自從數位行銷在大約二十年前首次顛覆傳統行銷的運作方式以來，對於行銷人員來說，面對分析時代的數據，現在是抓住機會和征服挑戰最好的時機了。

多年來，洞察力和分析力一直出現在擔任行銷長的優先條件清單中，這是有充分理由的：76％的行銷領導者表示，他們使用數據和分析來推動關鍵決策。然而，行銷組織也在努力發展他們的數據能力。

數據分析不但沒有造成一般公司的競爭劣勢，實際上可以為我們其他人創造一個更加公平的競爭環境。在某些方面，若要採用我們在本書中闡述的數據至上行銷的心態，來進行真正的轉變，公司規模較小實際上可能是一種優勢。為了解釋當中的原因和做法，我們只需要看一下在看似無關的棒球領域，他們是如何採用數據分析的。

《魔球》中數據至上的哲學

　　最好的例子是麥可‧路易士（Michael Lewis）2003年出版的《魔球：逆境中致勝的智慧》，原著改編的電影於2011年上映，該書點燃體育數據分析的火花，並把數據分析推廣到更廣泛的大眾，發揮了極大的作用。這本開創性的作品顯然闡述了數據導向的新策略——由美國職棒大聯盟奧克蘭運動家隊的總經理比利‧比恩（Billy Beane）來定義策略，並得到其特助保羅‧迪波德斯塔（Paul DePodesta）分析工作的支持。當時，奧克蘭運動家隊存在一個我們大多數人來聽起來都很熟悉的問題：他們必須找到方法，才能與聯盟中其他擁有更多資源的豪門球隊競爭，並取得賽季勝利。

　　對於行銷人員和能夠理解數據見解可以帶來變革的人來說，《魔球》極具教育意義，從政府到企業，甚至各行各業都可以看到它的影響。在該書中，奧克蘭運動家隊必須更聰明地運用他們所擁有的窘迫資金，才能建立一支「可以獲勝」的球隊。透過依靠數據，並深入研究比賽統計數據，了解哪些指標是真正有意義的（稍微劇透：並非近一百五十年來棒球界中人人都信奉的指標），然後根據情報採取行動——最終，運動家隊徹底改變了大聯盟所有

球隊的進攻方式。

到了2013年，超過75％的大聯盟球隊都在使用這種數據導向的策略，具體來說，該策略稱為「賽伯計量學」（Sabermetrics），由比爾・詹姆斯（Bill James）在1980年定義為「尋找關於棒球的客觀知識」，主要是透過統計分析的應用，在《魔球》一書中有大量的描述。但正如本書所述，數據導向的決策並不只局限於棒球。到了2018年，「每種大型的專業運動團隊都擁有自己的數據分析部門，或內部編制的分析專家。」

需要乃發明之母。當時運動家隊處於嚴重劣勢，這使他們跳出框架，尋找答案。就在運動家隊改變他們運作方式的時候，美國職棒大聯盟的「會長棒球經濟學藍帶小組」（Commissioner's Blue Ribbon Panel on Baseball Economics）提出所謂的《藍帶小組報告》。當時大聯盟各隊之間的營收差距，已經導致長期的競爭失衡，情況似乎愈來愈嚴重，而這份報告進一步加劇了棒球界的不滿。1990年，球員之間最高和最低薪資的差距為1,430萬美元；到了2000年，差距達到了7,730萬美元。

傳統的棒球觀念和常識會說，錢多的球隊會贏，因為他們可以買到最好的人才。為了競爭，運動家隊創造了一種新的進攻策略，這個策略以數據而非以「慣例」為依據。

2002 年的結果是該隊取得破紀錄的 20 場連勝和整體賽季的勝利，幫助他們進入了當年的分區季後賽。[1]

比利・比恩和保羅・迪波德斯塔利用了需要和機會，重塑了大聯盟選秀時對球員的評估方式：一邊是資深的球探，他們打過棒球，其中有些人自己也曾上過大聯盟，而多數人則在小聯盟中有過優異的表現——他們多半代表了傳統的球探智慧，依賴他們所看到的東西，由他們經驗豐富的眼睛，根據大家都使用的某些公認體型標準來判斷球員的優劣。

而另一邊，是可能從未打過棒球的哈佛大學經濟學畢業生迪波德斯塔和比利・比恩。比恩曾經是一位前途無量的高中棒球員，但他從未達到許多老球探認為他應該實現的超級巨星潛力。在比恩和迪波德斯塔最終選中的球員中，有許多球員是他們先前甚至連看都沒看過的，但他們可以取得大量的球員數據，並希望藉此重新訓練運動家隊的球探，讓自家球探樂於接受「表現評估法」（performance scouting）的方式——這在以前的球探界是一種侮辱，傳統球探不願意用這種方式來尋找球員。

1　奧克蘭運動家隊在 2002 年，以全大聯盟第六低的總薪資，贏得美國聯盟最多的 103 場比賽。那年該隊的全隊總薪資為 4,100 萬美元，而同樣贏得 103 場比賽的洋基隊全隊總薪資則為 1 億 2,600 萬美元。

　　這樣區分新舊方式是簡化了情況，但在事情「總是」這樣處理的方式與應採取的新方式之間，出現了緊張關係。有一次，比利‧比恩向最有經驗的球探迪克‧波格（Dick Bogard）問道，「表現評估法」對他來說是否合理：

　　「哦，絕對合理，」波格指著迪波德斯塔的電腦說。「現在是新局面了。幾年前我們沒有這些現成的統計數字可查，所以我們相信自己的眼睛。」（Lewis, 2003, p. 39）

　　接受「表現評估法」為運動家隊帶來了機會，而其他採用根深蒂固、舊式選秀方法的球隊根本無法理解。特別是在交易球員方面，運動家隊知道，若要搶大家都看得到、都在覬覦的人才時，他們是比不過其他球隊的，因此他們主要透過找尋那些看似有缺陷的球員（過重、速度緩慢、受過傷），把尋覓便宜球員的能力利用到最大，但是涉及到對球隊來說很重要的指標時，這些球員正是他們要找的人。在這種情況下，身為弱者實際上是一種優勢，因為它使運動家隊敢於逆襲傳統，創造競爭優勢。

　　數據應該有助於球隊挑選球員，這似乎是理所當然的事，但是大聯盟其他球隊還是花了好幾年的時間，才全面採用數據——這需要把棒球從19世紀以來的運作方式，

在觀念上進行重大的轉變，不僅要雇用數據分析師來計算數字、幫助球隊做出人事決定，而且還要充分把「數據至上」的策略加以制度化，來指導每場比賽中哪些是先發球員。數據至上的原則創造了一套方式，儘管有個別場次的輸球，但是運動家隊還是謹慎地遵循原則，因為他們有更大的目標，就是取得夠多、足以打進季後賽的勝場數。

《魔球》為當今的行銷人員提供了許多寶貴經驗，特別是針對中小型企業中的行銷人員，因為他們正過渡到數據導向行銷的下一個階段，也就是我們所定義「數據至上」的行銷。不可避免的是，運動家隊並沒有循序漸進地去實施他們的新策略；比利·比恩和保羅·迪波德斯塔是採「由上而下」的方式去推動球隊轉型，確保大家都遵循制度，透過重新培訓經理和親自挑選球員，而且挑的是具備球隊整體所需的技能和特質的球員。無論如何，致力於「數據至上」，是你轉型成功的重要關鍵。

啟示1：違背傳統，使用數據策略

「數據導向行銷」一詞已經存在了好幾年，但即使是那些規模最大的公司，仍無法做到大規模的採用。在「2015-2016年行銷長支出調查」中，顧能公司宣布「數位

行銷已成為主流」，這意味著數位行銷策略不再被視為單獨的方法，而是「併入到更大的行銷營運作業中」，主要做為成長和創新的驅動力；到了「2018-2019年行銷長支出調查」，與人工、代理和媒體成本相比，行銷技術支出是行銷預算中費用最高的項目，占整體行銷預算的29％，而9.2％的支出則用於行銷分析。

　　然而，儘管企業投入於行銷科技和分析，但同樣的，根據2018年顧能公司的行銷分析調查顯示，在超過45％的行銷組織中，高薪的數據科學家都在浪費時間做基本的工作，而且超過一半以上的受訪者不太信任自己所採用的模型建構技術。顧能公司對500名「行銷分析領導者」進行了調查，說明這些調查結果來自具有龐大行銷預算的大公司──對於我們這些不能在行銷分析上花500萬美元或更多錢的人來說，這是個好消息：大公司也還沒能將之做好。

　　在這種情況下，規模小絕對意味著公司可以更靈活，並且有機會透過數據至上的行銷策略，來創造競爭優勢。對於大多數公司而言，接下來數據導向行銷的層次，仍然主要是屬於策略方面。即使有更多的預算用於添購技術和雇用數據科學家，「行銷分析領導者」仍在努力使他們的投資得到回報。我們認為，這樣做的主要原因之一，是他

們把分析視為目前行銷運作上暫時的解方。規模較小的行銷團隊有更好的機會,「由上而下」真正實現轉型,把數據至上的思維融入行銷的每個階段,包括設定目標、定義指標、進行測試,以及呈現出投資報酬率。

■ 小蝦米對大鯨魚:數據導向的數位行銷怎麼贏?

隨著數位行銷的蓬勃發展,在科技新創公司工作,就像置身於一場完美的風暴中。在2000年左右,由於網站、搜尋引擎優化、數位廣告和行銷自動化的成長,對我們來說,時機是再好也不過了。軟體公司ScienceLogic的競爭對手是極大型的績優股公司:IBM、組合國際電腦公司(Computer Associates International)、HP、微軟,他們在網路監控市場中已是老字號的公司,實際上他們就是業界標準。合計起來,他們在數十億美元的網路監控市場中擁有壓倒性的市占率,而且多數顧客在最初購買其產品後的數年,仍需支付高昂的維護成本。新創公司應該如何打入這個小圈圈呢?如果你買的是HP的產品,你不需要證明購買它的合理性。相反的,若你買的是ScienceLogic的產品,你肯定需要證明你的選擇是合理的。在某些情況下,你還要繼續支付維護費用給HP,你仍然「擁有」HP的產

品，但實際上東西是放在櫃子裡沒有在使用。

　　初期的數位行銷對較小公司的行銷人員來說，是一個福音。在許多方面，它使競爭環境變得公平。在某種程度上，你在網路上實際的規模有多大並不重要，重要的是在網路上顯現的規模和聲譽。應用搜尋引擎優化和數位廣告，我們可以出現在這些比我們更大的公司的搜尋列表和廣告旁邊，甚至可以沾他們的一點光，先發優勢絕對適用於此。

　　我們從2009年開始優化雲端運算監控關鍵字，早在「雲端」成為大家都知道的東西之前，因為我們早在那時候就認為雲端會盛行起來，而且事實證明我們是對的。我們很快就搶占了這些關鍵字在Google搜尋中的第一名，當時這些關鍵字全方位行銷幾乎還沒有什麼搜尋量，即使它們後來在搜尋引擎優化中，成為競爭非常激烈的詞語之後，我們仍然保持出現在搜尋結果的前10名或在第一頁。

　　此外，我們在LinkedIn的早期階段就在上面投放廣告，並利用了它成本較低、競爭相對較小的優勢（相對於更成熟的Google AdWords平台上的成本），並且能夠根據公司、頭銜、自設群體等來鎖定客群，比Google AdWords提供的潛客多了200％，而花費的預算卻少了82％。與大型競爭對手相比，我們的行銷預算可謂是杯水

車薪，但我們明智地運用預算，而且只有用在我們可以獲得最佳投資回報的領域上，而且數位化技術憑藉其豐富的可用數據，讓我們能夠一路追蹤潛客，直到成交。我們沒有在「超級盃」打廣告，我們的錢被嚴格地用於潛在客戶開發（這等於創造了營收）上，而不是花在一般的打響品牌知名度，因為後者的成效無法衡量。

　　重點在於，不要害怕質疑現狀，並嘗試新的東西，尤其是在數據支持你的情況下。

啟示2：你可能無法贏得世界大賽冠軍，但卻可以成為冠軍角逐者

　　透過比利‧比恩和保羅‧迪波德斯塔提出的「魔球」策略，奧克蘭運動家隊多次打進了美聯分區的季後賽，但他們只贏了一次，且尚未贏得世界大賽的冠軍。這是該策略的失敗嗎？

　　自2002年以來，運動家隊獲勝的賽季多於輸球的賽季，並且十一次位居美國聯盟中的第一或第二名。對任何人來說，這都是勝利，尤其是從傳統棒球智慧的角度，認為球隊「必須花大錢」才能贏得勝利。

　　與早期的數位行銷類似，行銷分析也提供了相同的機

會，為那些可以把行銷分析迅速運用得宜的行銷人員，創造競爭優勢。現在開了一扇機會之窗，規模較小的公司可以利用行銷分析所提供的情報和效率，與更大的競爭對手有效地競爭。

根據數據做出更明智的決策，可以加速你的發展，尤其是使規模較小的公司看上去比實際的規模大得多。這裡的關鍵是要明白，對於規模較小的新參與者來說，你可能永遠不會擁有第一（或第二、第三）的市占率，但是擁有第四、第五或第六的市占率仍然可以讓你取得「一席之地」。例如，在 ScienceLogic，我們的目標是在網路（和後來的雲端）上監測潛在買家的入圍名單，這份名單可以轉化為銷售，因為我們可以被納入重要的提案徵求書中。我們把數位行銷，與嚴格追求最佳投資報酬率的活動和行銷方案，互相結合，幫助我們實現了這個目標。

啟示3：不斷問「為什麼？」

棒球的攻守紀錄表（box score）在1845年問世，後來由體育記者亨利·查德維克（Henry Chadwick）加以改良，記錄了棒球比賽中促成勝負的重大事件。儘管經過多年的變化，這張表至今仍在使用，當你轉到棒球轉播節目時，

在螢幕下方看到的那個表格基本上就是了。到了1977年，比爾‧詹姆斯（Bill James）出版了他的第一本《一九七七棒球摘要》(*Baseball Abstract, 1977–1984*)[2]時，他所質疑的主要問題之一，就是用傳統「攻守紀錄表」這樣的指標，來描述球隊勝負結果是否準確？

他在第三年的《棒球摘要》中向讀者說：「我是數字的技工，整理棒球比賽的種種記錄，以了解棒球進攻機制如何運作。我一定先從數字開始，就如同汽車技工一定要用到萬能扳手一樣。我從比賽著手，從我看到的東西以及人們所談論的事開始，然後我會問：這是真的嗎？你能證實嗎？你能測得出來嗎？它如何套用在整個機制的其他地方？為了得到這些答案，我去查閱紀錄……特別值得一提的是，很少人和我一樣。棒球界保留著豐富的紀錄，人們不斷地談論、爭論，並經常思索各種紀錄。但是，為什麼沒有人善用這些紀錄？為什麼沒有人在爭論時說，『證明給我看？』」(Lewis, 2003, p. 75)

2　從1977年一開始只是簡單用釘書機釘裝而成的書，第一年的銷量不到一百本，後來才由書商大量出版成知名的 *The Bill James Historical Baseball Abstract*。

　　詹姆斯質疑所有的傳統指標。他對自己辛苦蒐集數以萬筆的棒球統計數據，進行分析，之後業界因應對數據不斷增加的需求，蒐集到更多的數據，他繼續做更多的分析，他發現，攻守紀錄表中所使用的數據，並沒有描繪出正確的比賽情況。他用科學的方法，推翻幾個在棒球界中已經制式化的指標價值，這些是「大家都知道」能贏得比賽的指標，像是**盜壘很重要；有時你需要犧牲自己；把球用力揮擊出去，比凹到四壞球保送好（事實上，「四壞球保送」在查德維克的攻守紀錄表中，算作「失誤」）；擁有高打擊率的球隊會贏**。實際上，詹姆斯證明上述這些指標都是錯的。後來，統計學家彼特・帕瑪（Pete Palmer）和迪克・克瑞默（Dick Cramer）追隨著詹姆斯的研究，提出了兩個在統計學上確實很重要的數據，**即「上壘率」和「長打率」**，這是奧克蘭運動家隊在招募和交易球員時，用來評估球員價值的數據，而且因為他們是率先使用這兩個數據的球隊，使他們在該領域獲得的致勝優勢比其他領域明顯許多。

　　當你讀到這裡時，你會不禁想：「當然，這是有道理的。」然而有趣的是，當詹姆斯出版《棒球摘要》時，最大的讀者群是棒球迷，而不是專業棒球人士。大多數棒球經理人都忽視這本書，除了一個知名的特例，這個經理人

後來成為奧克蘭運動家隊的總經理，也就是比利‧比恩的老闆。即使在《魔球》出版後，反對「數據至上」的聲浪仍然很強烈，好像使用數據來制定棒球攻防的決定，這樣的想法是對之前的一切傳統和所有棒球人的侮辱。

讓我們看看行銷中的一些同類的指標，這些人們仍然在使用的指標，只因為從以前就一直在用了，但實際上並沒有對「獲勝」（即銷售／營收）有所貢獻。我立刻會想到兩個指標：「電子郵件開信率」和「網站流量」。

有人把這些指標歸入「舊而無用」類別，但可能會出現例外的情況；像是，也許你的網站透過廣告，額外的流量可以讓你獲得報酬，但是對這兩個指標你應該質疑的是：「為什麼它們很重要？」

打從一開始，電子郵件開信率一直就出現在電子郵件的報表上，即使這些年來的測量方式已經發生了變化。具體來說，每位電子郵件客戶都不同，再加上在行動設備和桌上型設備上有測量上的技術困難[3]，這讓測量變得非常混亂，以至於有一些人幾年前就不再關注它，但是在每一個現成的電子郵件績效報表上都持續有開信率，而且甚至通

3　消費者從開啟電子郵件到真正購物，可能經歷不同裝置的轉換，例如用手機看電子郵件，但購物用桌機，所以不同電子媒介的轉移，也間接導致電子郵件開信率與網站轉換率不成正比。

常是第一個列出的指標。為什麼？因為它一直在上面，所以人們仍然期待它出現在報表上嗎？

相比之下，「點擊率」是重要得多的數據，因為它顯示了收件人的實際參與度，單單因為電子郵件「被打開」，並不意味著實際上有人讀過。確實，它可能意味著，這封信只是某人收件匣中的下一封電子郵件，並立即被刪除。如果你在 Google 上搜尋「電子郵件開信率」，你會看到一大串行銷公司希望幫助你改善開信率，但是卻很少有人談論相關的問題。

「網站流量」是一個非常有趣的統計數據，因為對於大多數人來說，這似乎是一個虛榮的指標：它看起來挺漂亮的，但不一定對企業有用。流量通常是一個很大的數目，人們的想法是，提出這個數字會使你的行銷團隊看起來很有面子；當你可以告訴執行長，「我們的網站流量在這個月上升了，我們有 XX 千／XX 百萬的瀏覽者。」這聽起來成績亮眼。很好，然後呢？從很多方面來看，這與電子郵件的開信率非常相似，都是從一開始就存在的指標，通常是你在 Google Analytics 中最先看到的東西之一，但這對你公司的業務真正代表什麼？身為行銷人員，我確實也會追蹤這個數字，但我只是想看看是否有任何不尋常的下滑或趨勢是需要我仔細研究的，除非有特定的業務目

標，否則我不會把這個數據當做是一項成就給點出來。

那麼，為什麼行銷人員仍在報表和儀表板上使用這些指標，來顯示行銷活動和方案的效果呢？在你向執行長和財務長展示任何指標之前，你需要問：「為什麼這很重要？」因為如果你認為他們不會問同樣的問題，那只不過是在自欺欺人，也許只是在短期內他們還沒有問罷了。

大家都喜歡支持處於弱勢的一方，甚至連洋基隊的球迷也是如此。如果做得對，數據分析可以驚人地改善你的行銷活動，從而幫助你在競爭時，有更好的表現。而且，如果你讓數據分析與業務目標互相效力，那麼無論你的具體業務目標是什麼，數據分析都應能幫助公司在整體上獲得更多顧客、提供更好的客戶體驗、提高顧客忠誠度，推動管道和提高營收。每間公司無論大小，都必須朝這個方向發展。如果你們是一家大公司，但你們不這樣做，則有可能因此被別人超越；如果你們是一家較小的公司，並且懂得去做數據分析，那麼你們沒有什麼好輸的，只會贏得成長的空間。

第三章
數據至上的行銷：
推動行銷組織的轉型

　　愈來愈多的數據導向或根據數據的行銷，成為行銷人員討論的話題。這看似簡單明瞭——行銷人員會利用他們蒐集的資訊，來制定策略，並對內容、行銷活動等等做出更好的決策。但是大多數的公司，甚至是那些握有資源去實際投資數據分析資源和功能的行銷「領導者」，都沒有意識到自己手上數據和情報的全部潛力。

　　很多時候，數據導向行銷仍被認為是「附加功能」，利用的是行銷職務之外的數據分析資源，而不是行銷人員自己每天都會使用的資源。大多數數據導向行銷都是對現狀做出被動回應，而不是策略性的反應，且都是在行銷活動執行完畢後，才加以應用，而不是從在開始制定策略和目標時，就納入其中，把數據導向行銷看做有的話很好、但不是必備的東西，也難怪數據導向行銷仍然被邊緣化。

為了使數據導向行銷在任何組織中都能成功，行銷功能必須徹底的轉變。我們要求行銷人員欣然接受他們大多數人從未做過的事情，你不能光說：「我們要開始分析數據，來做出更明智的決策。」你需要讓行銷團隊為成功做好預備，並改變你們的文化，變成以數據至上，而不是最後才想到要用數據，這正是數據至上行銷的意義所在。

什麼是「數據至上」的行銷？

數據至上的行銷是一種新的行銷策略，注重以智能的方式，利用當今可取得的大量行銷數據，以便在任何行業中，創造真正的競爭優勢。它把數據導向行銷與業務策略和目標結合在一起，並且需要人員、流程、技術、數據和文化等各方面由上而下的轉型。

首先，數據至上的行銷是策略性的，需要行銷人員和企業轉變思維和技能。數據至上的行銷根植於行銷經驗，並利用當前的數位行銷和行銷科技機會，需要全面地投入行銷才能成功。

企業對消費者（B2C）公司採用數據導向行銷方式，已經有跡可循；此外，借助大數據和人工智慧的發展，數據導向行銷在B2C領域的發展愈是深入，情況愈會從現

在的獨特競爭優勢，轉變為以後競爭時的必備要件。

　　但是，由於各種因素，包括預算限制、數據不足、技能稀缺等，企業對企業（B2B）領域採用數據導向行銷的速度一直比較慢。投資報酬率報表、歸因和行銷情報的行銷技術工具日益成熟，大家都可以使用，這使得B2B行銷領域的早期採用者可以利用的絕佳時機。光是在2019年，分析／視覺化市場的收購就是極大的指標，整個市場都朝著這個方向發展；客戶關係管理CRM系統大廠Salesforce斥資157億美元買下視覺化分析平台Tableau，而Google以26億美元收購了數據分析公司Looker。

　　「行銷數據分析」是當今行銷人員的新戰場，早期採用者將幫助他們的企業競爭並勝出，這就轉化為真正的價值。由於有了可以依據的數據，才可以清楚地展示給執行長和最高層主管等其他利益相關者。採用數據至上的行銷方式，不僅可以使行銷人員現在成功，而且可以培養出寶貴的技能，等所有公司都決定這麼做的時候，這些技能在就業市場上會愈來愈炙手可熱。

為什麼要做數據至上的行銷？

　　如今大多數執行的數據導向行銷，發揮得還不夠深

入。如果做對了，從設定策略、目標，到實際的執行，行銷功能會出現完全的變化。數據至上行銷就體現了這樣的變化，把數據導向行銷推向了新的高度。為了實現這個目標，數據至上行銷意味著：

- **向當今的行銷人員傳達數據的重要性。**數據最有機會影響到我們的行銷工作和行銷投資報酬率，無論結果是變得更好或更糟。數據，更具體地說，是從數據中獲取的情報，可以為企業創造真正的競爭優勢；反過來說，當其他人都專注在數據上時，若你不能有效地加以利用，就會使企業處於競爭劣勢。

- **一種思維方式。**它提醒行銷人員，從計畫階段開始，他們需要開始考慮如何製作、蒐集、整合和分析從所有行銷活動和所有管道而來的數據。所有行銷活動不僅應始終與行銷目標口徑一致，而且要與業務目標和策略口徑一致，而要證明行銷價值關係到業務目標和策略，唯一的方法就是透過數據。

- **強調對日常的行銷操作採取截然不同的方法。**數據中的結果是公開透明的，應在數據的基礎之上，改進下一個行銷活動，以及再下一個行銷活動，以此類推，在此迭代過程中，使行銷組織更強大、更好、反應更快。

為什麼行銷人員還沒有這樣做？

如果大家都「知道」他們應該改用數據導向的模式，以便更快地做出更明智的決策，那麼他們為什麼不這樣做呢？

我們在第二章「《魔球》的經驗」中介紹了其中的一些原因；人們會自然地做「自己一直以來都在做的事情」，特別是如果其他人似乎也都這樣做的時候。大多數行銷人員會回答「是什麼」和「有多少」，但往往不會回答「為什麼」，我們在第一章中談到數量與價值指標時，也提到了這一點。

此外，根據我們自己在行銷部門，以及與各行各業客戶的行銷團隊合作時的經驗，我們發現了另外兩個障礙，是所有其他行銷人員都會理解和同情的。

▌障礙 1：忙不過來

行銷團隊一心想要採用新的行銷科技，這是一個永無止境的循環。如前文所述，行銷科技的領域正以指數級的速度成長，人們擔心的是，如果跟不上時代的進步，就會被拋在後頭。除了行銷科技可以開拓新的管道、市場和消

費群之外，光是要跟上現有行銷科技的變化，或著把現有的企業基礎建設，替換成最新和「最佳」的設施，以及必須學習全新的系統，就可以是一份全職的差事。行銷太專注於一定要去執行工作，以至於要花點時間停下來，擬定策略，然後確認你能遵循著策略，這些都變成了次要的事，因為恐怕連要去做的時間都沒有。

　　而且原本應幫助企業的行銷科技，甚至可能是問題的根源。最近在我們自己的公司中，我們評估了替代的行銷自動化工具。當然，我們特別感興趣的是每個工具的報表功能。在實施過程中，有許多問題需要考慮，這些工具會如何影響我們的衡量方法和我們的團隊呢，重點在於：

• 我們能否獲得目前的行銷投資報酬率報表？
• 在橫跨多個行銷科技系統方面，我們要怎麼具體來做？
• 我們是否需連接到客戶關係管理系統，以獲取與業務相關的行銷指標，或者我們實際上可以把需要的所有指標，從一個系統中提取出來？

　　為了確定答案，我們向提供行銷自動化工具的業務員諮詢了該工具的現成投資報酬率報表。

　　我們：這裡的投資報酬率報表中的潛客來源是怎麼設定的？是用「最初互動歸因」（first-touch attribution），還是用「最終互動歸因」（last-touch attribution），還是透過手動設定？

　　業務員：我覺得是用「最初互動歸因」。

　　我們：有什麼方法可以改成「多管道接觸歸因」（multi-touch attribution）嗎？

　　業務員：我們的顧客只想用最初互動歸因……

　　真的嗎？行銷做了那麼多工作，以不同的方式多次「接觸」潛客，使他們保持興趣、會首先想到你和你的產品／服務，並指望把他們轉換為顧客，而你只想對接觸到潛客的第一個行銷活動，給予業務投資報酬率的功勞？這根本不是事實。好吧，我們知道這是業務員的說詞，會試圖打消我們可能有的反對意見（如果你好奇的話，我們最後並沒有選擇那套工具），但這說明了行銷科技的另一個問題。

　　毫無疑問，許多行銷團隊都依賴這些現成的報表。對於某些人來說，這是時間和便利性的問題。但對於其他人，這是接下來我們要講的第二個障礙……

■ 障礙 2：很難做到

你很可能需要駕馭、客製化和整合多個行銷科技系統，來獲取業務所需的報表，這樣的工作完全是令人望之卻步的，你甚至不知道要從哪裡開始，或是你的公司內部沒有完成任務所需的技能。同時，你下周可能還要推出另外三個行銷活動……

現成的績效和投資報酬率報表就很好了，不是嗎？談到數據至上行銷時，答案是否定的。每個企業都是獨一無二的，你的目標是獨一無二的，你所處的競爭環境是獨一無二的，你的資產是獨一無二的（是你創造了它們！），所以為你的銷售和行銷引擎推動改變的指標，也是獨一無二的。如果沒有對你的報表進行客製化的話，現成的報表也無法為你提供完整而獨特的描述，因為你需要使用自己的數據，來提高行銷績效和效率。如果重點是使用數據分析，來創造競爭優勢，你為什麼要依賴任何人（包括競爭對手）都能輕鬆跑出來的報表呢？如果你有時間和技能來改變這個情況，你當然會這麼做，我們希望本書的第二部分能教會你一些具體的技巧。

但是，在你能做出這樣的改變之前，如果你把這些報表帶進下一次的高階主管會議，請準備好在執行長對你提

出問題時，準備好你的答案，而且執行長愈來愈會對你有
所質疑。

開始轉型！

　　數據至上的行銷轉型涉及行銷組織的各個方面，從人
員、流程和技術，到數據策略、治理，以及整個組織文化
（見圖3-1）。這需要大多數行銷團隊徹底改變運作方式、
改變他們所使用的行銷技術，甚至是改變行銷人員應該培
養的技能。

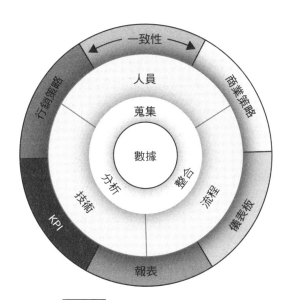

圖 3-1　數據至上行銷的框架

　　欣然接受數據至上的行銷，首先你要定義行銷目標，使其與業務目標保持一致，並確保銷售人員和執行長等關鍵利益相關者達成共識。

　　一旦目標確定後，你需要同意指標或KPI，以顯示根據這些目標的行銷活動績效，並設定用什麼方式和在哪裡獲得這些數據。如果你需要業務部門來輸入數據，這些數據將在以後用於視覺化KPI的報表或儀表板中使用，那麼可能需要修改業務流程，以獲取所需的數據。

　　為了獲取KPI，並進行有意義的分析，你的一些數據可能存放在不同的資料庫中，需要你去個別存取，或者可能需要某種程度的整合。當你策畫行銷活動時，必須確保從行銷活動執行這件事上，所需的所有數據格式，是你可以使用和存取的──這可能意味著建立新的資料庫欄位，你需要定義今後數據的使用方式，並把使用方式傳達給可能需要知道的人（例如，業務、營運單位的同事等）。

　　根據活動和管道，你可能需要完全使用新的行銷科技平台（例如，新的線上研討會平台），在這種情況下，你用來評估平台的標準之一，應該是根據行銷活動、KPI和商議好的目標，你是否可以取得，以及如何取得你認為會需要的數據。你可以根據該數據製作出所需的報表和儀表板嗎？還是，應該將該平台與現有的視覺化工具整合呢？

　　這只是其中一個例子，顯示數據至上的行銷思維，對日常行銷活動的意義。正如你所見，這裡的當務之急是思考整個過程中，你需要獲得、分析和視覺化的數據，以呈現行銷績效，以及相關的所有細節。

▌實現轉型的 5 個步驟

　　在本書的第二部分，會詳細介紹數據至上行銷轉型的5 個步驟：

步驟 1：讓行銷與業務同調：與主要利益相關者協調，並就重要指標達成一致。

步驟 2：克服數據整合、架構和技術資源：整體行銷科技工具組合，及其以外的數據策略和數據治理。

步驟 3：實戰「數據分析」：如何分析數據、獲取價值？

步驟 4：建立「數據至上行銷」的活動框架：在日常行銷任務中，採用數據至上的方法。

步驟 5：數據至上行銷的用人和文化：招聘、再培訓和發展數據至上的文化。

　　請記住：這裡的目標是不斷改進。數據至上行銷的轉型並非一蹴可幾，做一次就大功告成的事。確保行銷目標與業務目標連結在一起，不應該是單次的工作，而是每次都該做到的事。定義數據策略會隨著業務需求的變化而不斷改變，所以評估行銷科技、建立平台／工具，以及整合數據來支持數據策略，這些都會是持續的活動，而分析從平台／工具和事先定義流程中所產生的數據也是如此。行銷人員需要接受培訓或再培訓，直到數據和分析成為他們首先會想到的事，而不是最後考慮或根本沒有考慮到的事，「數據至上的行銷活動框架」可以透過在日常行銷操作中，指導員工欣然接受新的數據至上文化。

　　但是在接下來的第二部分中，首先要進行的是自我評估。我們會介紹數據至上的行銷成熟度模型，你對此評估的回答可以幫助你確定公司的現況，以及同樣重要的是──你希望能做到什麼地步？

Part

2

組織轉型：
採用數據至上的行銷

第四章

如何評估組織的
行銷成熟度？

　　在本書的第二部分，我們將介紹把行銷組織創造成數據至上的方式。要了解你需要專注於哪些工作，首先就要先評估你的行銷組織在數據至上成熟度模型上目前的位置，如圖4-1所示。你的組織今天處於什麼位置？而在一年以後，你希望組織成為什麼樣子？

　　完成數據至上的行銷評估，將有助於找出需要改進的地方。然後，本書的第二部分將帶著你更詳細地按著步驟，來完成數據至上的行銷轉型。

　　數據至上的行銷評估分為五個部分，根據你對每項敘述的同意程度來打分數，並在最後統計你的分數。你可能會注意到，答案C、D和E都代表零分。這樣做是刻意對每個問題加權，因為每個問題都與成熟度模型的等級有關。即使這些答案的分數相同，你也要盡可能誠實地回答

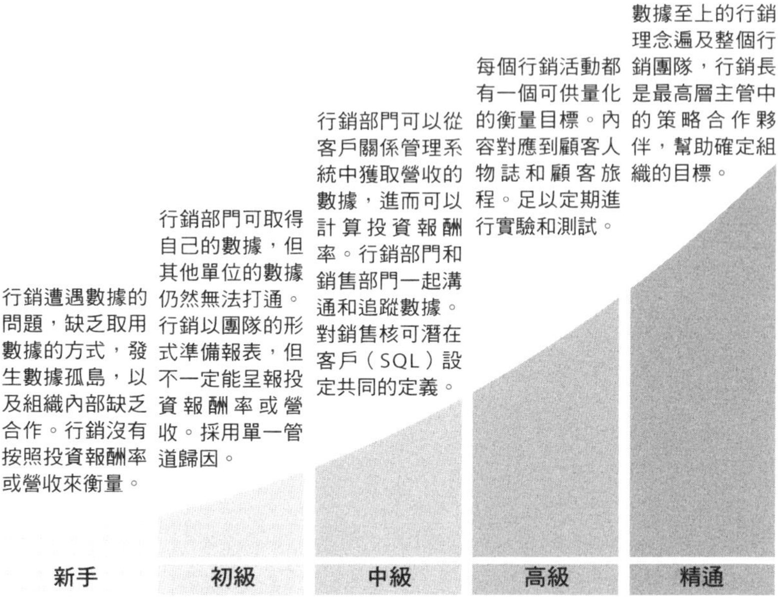

圖 4-1 數據至上的行銷成熟度模型

行銷遭遇數據的問題，缺乏取用數據的方式，發生數據孤島，以及組織內部缺乏合作。行銷沒有按照投資報酬率或營收來衡量。（新手）

行銷部門可取得自己的數據，但其他單位的數據仍然無法打通。行銷以團隊的形式準備報表，但不一定能呈報投資報酬率或營收。採用單一管道歸因。（初級）

行銷部門可以從客戶關係管理系統中獲取營收的數據，進而可以計算投資報酬率。行銷部門和銷售部門一起溝通和追蹤數據。對銷售核可潛在客戶（SQL）設定共同的定義。（中級）

每個行銷活動都有一個可供量化的衡量目標。內容對應到顧客人物誌和顧客旅程。足以定期進行實驗和測試。（高級）

數據至上的行銷理念遍及整個行銷團隊，行銷長是最高層主管中的策略合作夥伴，幫助確定組織的目標。（精通）

每個問題，因為這些答案將幫助你評估：以下哪幾章可能替你的公司成長提供最深刻的見解。

I. 使行銷與業務保持一致

1. 行銷在我們公司被視為是收入中心（而非成本中心）。

    a. 非常同意（5）

    b. 有點同意（3）

  c. 不確定（0）

  d. 有點不同意（0）

  e. 非常不同意（0）

2. 整個組織認為行銷替業務提供高度價值。

  a. 非常同意（5）

  b. 有點同意（3）

  c. 不確定（0）

  d. 有點不同意（0）

  e. 非常不同意（0）

3. 行銷策略與業務策略保持一致／建立在業務策略之上。

  a. 非常同意（5）

  b. 有點同意（3）

  c. 不確定（0）

  d. 有點不同意（0）

  e. 非常不同意（0）

4. 行銷部門明確地把目標，與公司的宗旨和目標保持一致。

a. 非常同意（5）

b. 有點同意（3）

c. 不確定（0）

d. 有點不同意（0）

e. 非常不同意（0）

5. 行銷和銷售部門緊密結合。

a. 非常同意（5）

b. 有點同意（3）

c. 不確定（0）

d. 有點不同意（0）

e. 非常不同意（0）

6. 對於「行銷核可潛在客戶」（Marketing Qualified Lead，簡稱MQL）有明確的定義。

a. 非常同意（5）

b. 有點同意（3）

c. 不確定（0）

d. 有點不同意（0）

e. 非常不同意（0）

7. 對於「銷售核可潛在客戶」（Sales Qualified Lead，簡稱SQL）有明確的定義。

   a. 非常同意（5）

   b. 有點同意（3）

   c. 不確定（0）

   d. 有點不同意（0）

   e. 非常不同意（0）

8. 銷售團隊對於「銷售核可潛在客戶」的定義有達成共識。

   a. 非常同意（5）

   b. 有點同意（3）

   c. 不確定（0）

   d. 有點不同意（0）

   e. 非常不同意（0）

9. 行銷團隊直接與銷售團隊合作，從客戶名單中鎖定目標。

   a. 非常同意（5）

   b. 有點同意（3）

   c. 不確定（0）

d. 有點不同意（0）

e. 非常不同意（0）

10. 行銷高層在制定行銷策略時，積極尋求銷售高層
的意見。

   a. 非常同意（5）

   b. 有點同意（3）

   c. 不確定（0）

   d. 有點不同意（0）

   e. 非常不同意（0）

11. 行銷部門可以取得我們需要的銷售數據，以報告
商機和成交結果。

   a. 非常同意（5）

   b. 有點同意（3）

   c. 不確定（0）

   d. 有點不同意（0）

   e. 非常不同意（0）

12. 我對銷售數據的準確度充滿信心。

   a. 非常同意（5）

b. 有點同意（3）

c. 不確定（0）

d. 有點不同意（0）

e. 非常不同意（0）

II. 架構與技術資源

13. 行銷部門清楚的了解哪些系統裡有製作報表所需
的數據。

a. 非常同意（5）

b. 有點同意（3）

c. 不確定（0）

d. 有點不同意（0）

e. 非常不同意（0）

14. 行銷部門可以使用報表所需數據的系統。

a. 非常同意（5）

b. 有點同意（3）

c. 不確定（0）

d. 有點不同意（0）

e. 非常不同意（0）

15. 行銷部門能夠有把握、具體地呈報投資報酬率。

   a. 非常同意（5）

   b. 有點同意（3）

   c. 不確定（0）

   d. 有點不同意（0）

   e. 非常不同意（0）

16. 我們的 MarTech 行銷科技工具組合已完全整合。

   a. 非常同意（5）

   b. 有點同意（3）

   c. 不確定（0）

   d. 有點不同意（0）

   e. 非常不同意（0）

17. 行銷報表中對於營收和投資報酬率所需的數據，
   可以透過一個平台（例如儀表板），就可以取得。

   a. 非常同意（5）

   b. 有點同意（3）

   c. 不確定（0）

   d. 有點不同意（0）

   e. 非常不同意（0）

18. 我們會把自己的數據分享和呈現給組織中其他最高層主管。
    a. 非常同意（5）
    b. 有點同意（3）
    c. 不確定（0）
    d. 有點不同意（0）
    e. 非常不同意（0）

19. 我們會製作圖表，把數據傳達給最高層主管。
    a. 非常同意（5）
    b. 有點同意（3）
    c. 不確定（0）
    d. 有點不同意（0）
    e. 非常不同意（0）

Ⅲ. 分析數據

20. 我充滿信心，相信行銷團隊有能力，可以用正確的方式來蒐集和分析行銷數據。
    a. 非常同意（5）
    b. 有點同意（3）
    c. 不確定（0）

d. 有點不同意（0）

e. 非常不同意（0）

21. 我們有定義明確的行銷漏斗，或定義買家旅程中的各個階段。

a. 非常同意（5）

b. 有點同意（3）

c. 不確定（0）

d. 有點不同意（0）

e. 非常不同意（0）

22. 我非常有信心，我們正朝著實現投資報酬率和營收的方向，衡量正確的數據。

a. 非常同意（5）

b. 有點同意（3）

c. 不確定（0）

d. 有點不同意（0）

e. 非常不同意（0）

23. 我們會使用行銷數據，來提高行銷活動的整體效率和績效。

　　a. 非常同意（5）

　　b. 有點同意（3）

　　c. 不確定（0）

　　d. 有點不同意（0）

　　e. 非常不同意（0）

24. 我們擁有內部或外部的數據專家資源，可以幫助
　　我們分析數據。

　　a. 非常同意（5）

　　b. 有點同意（3）

　　c. 不確定（0）

　　d. 有點不同意（0）

　　e. 非常不同意（0）

IV. 行銷活動框架

25. 我們的行銷團隊會在行銷活動開始前，就考慮要
　　蒐集的數據和測量方式。

　　a. 非常同意（5）

　　b. 有點同意（3）

　　c. 不確定（0）

　　d. 有點不同意（0）

e. 非常不同意（0）

26. 每個行銷活動都有可衡量的明確目標。

    a. 非常同意（5）

    b. 有點同意（3）

    c. 不確定（0）

    d. 有點不同意（0）

    e. 非常不同意（0）

27. 我們的行銷團隊描繪出買家人物誌。

    a. 非常同意（5）

    b. 有點同意（3）

    c. 不確定（0）

    d. 有點不同意（0）

    e. 非常不同意（0）

28. 買家人物誌是根據現有顧客的基本資料所設計出
    來的。

    a. 非常同意（5）

    b. 有點同意（3）

    c. 不確定（0）

　　d. 有點不同意（0）

　　e. 非常不同意（0）

29. 行銷部門已經開發出一個內容地圖，該地圖與我
　　們的買家人物誌和顧客漏斗的各階段維持一致。

　　a. 非常同意（5）

　　b. 有點同意（3）

　　c. 不確定（0）

　　d. 有點不同意（0）

　　e. 非常不同意（0）

30. 我們的行銷團隊每年至少會審查和更新一次內容
　　地圖。

　　a. 非常同意（5）

　　b. 有點同意（3）

　　c. 不確定（0）

　　d. 有點不同意（0）

　　e. 非常不同意（0）

31. 我們的內容行銷團隊會使用內容地圖，來規劃內
　　容創作。

a. 非常同意（5）

b. 有點同意（3）

c. 不確定（0）

d. 有點不同意（0）

e. 非常不同意（0）

32. 我們每一個創作的行銷內容都有可衡量、可量化的目標。

a. 非常同意（5）

b. 有點同意（3）

c. 不確定（0）

d. 有點不同意（0）

e. 非常不同意（0）

33. 我們的行銷團隊會通力工作，進行跨管道和跨平台的管理。

a. 非常同意（5）

b. 有點同意（3）

c. 不確定（0）

d. 有點不同意（0）

e. 非常不同意（0）

34. 我們現有的 MarTech 行銷科技工具組合，可滿足或超過我們所有的行銷數據追蹤和報表需求。
    a. 非常同意（5）
    b. 有點同意（3）
    c. 不確定（0）
    d. 有點不同意（0）
    e. 非常不同意（0）

35. 我有信心，我們目前的 MarTech 行銷科技工具組合能夠提供準確的報表和數據。
    a. 非常同意（5）
    b. 有點同意（3）
    c. 不確定（0）
    d. 有點不同意（0）
    e. 非常不同意（0）

36. 我們會對我們的行銷策略，定期進行 A｜B 測試或多變量測試。
    a. 非常同意（5）
    b. 有點同意（3）
    c. 不確定（0）

d. 有點不同意（0）

e. 非常不同意（0）

37. 我們已經建立了歸因模式（Attribution modeling）。

a. 非常同意（5）

b. 有點同意（3）

c. 不確定（0）

d. 有點不同意（0）

e. 非常不同意（0）

38. 我們當前使用的歸因模式為：「選取所有符合的選項」。

a. 最初互動歸因（2）

b. 最終互動歸因（2）

c. 我們使用多點歸因模式（5）

d. 我們目前沒有歸因模式（0）

39. 我們的主要報表是採用管道和平台的預設報表。

a. 非常同意（0）

b. 有點同意（0）

c. 不確定（0）

d. 有點不同意（3）

e. 非常不同意（5）

40. 行銷部門已經有明確、可量化的KPI。

a. 非常同意（5）

b. 有點同意（3）

c. 不確定（0）

d. 有點不同意（0）

e. 非常不同意（0）

V. 擁護數據至上

41. 行銷長與執行長有著密切的策略關係。

a. 非常同意（5）

b. 有點同意（3）

c. 不確定（0）

d. 有點不同意（0）

e. 非常不同意（0）

42. 行銷長與財務長有著密切的策略關係。

a. 非常同意（5）

b. 有點同意（3）

c. 不確定（0）

d. 有點不同意（0）

e. 非常不同意（0）

43. 行銷長與銷售高層有著密切的策略關係。

a. 非常同意（5）

b. 有點同意（3）

c. 不確定（0）

d. 有點不同意（0）

e. 非常不同意（0）

44. 行銷長與資訊長（或IT部門）有著密切的策略關係。

a. 非常同意（5）

b. 有點同意（3）

c. 不確定（0）

d. 有點不同意（0）

e. 非常不同意（0）

45. 行銷團隊展現出一種成長的心態。

a. 非常同意（5）

b. 有點同意（3）

c. 不確定（0）

d. 有點不同意（0）

e. 非常不同意（0）

46. 行銷人員擁有很強的批判性思考能力。

a. 非常同意（5）

b. 有點同意（3）

c. 不確定（0）

d. 有點不同意（0）

e. 非常不同意（0）

47. 行銷部門記錄，並遵循既定的流程。

a. 非常同意（5）

b. 有點同意（3）

c. 不確定（0）

d. 有點不同意（0）

e. 非常不同意（0）

48. 行銷和組織目標是每位員工考績的一部分。

a. 非常同意（5）

b. 有點同意（3）

c. 不確定（0）

d. 有點不同意（0）

e. 非常不同意（0）

　　現在，把你的分數加起來。每個答案的分數會在你選擇的答案後的括號內。

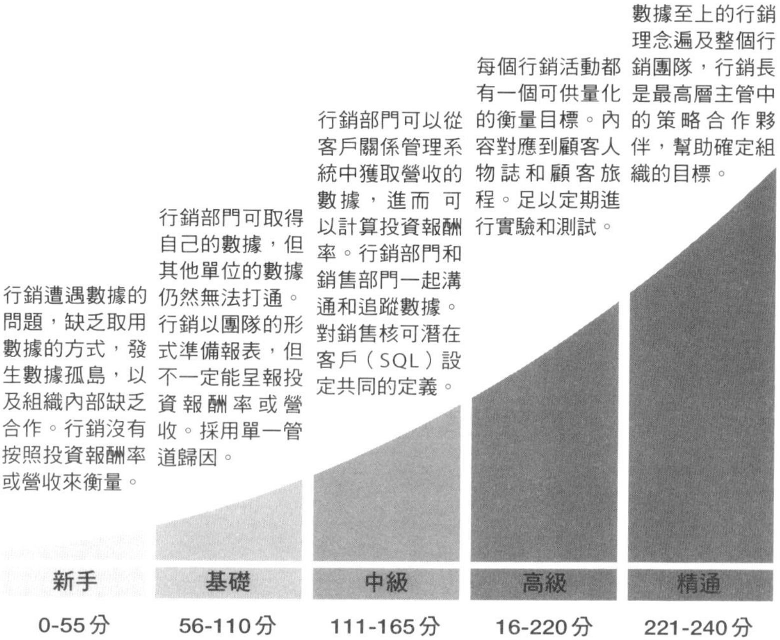

數據至上的行銷理念遍及整個行銷團隊，行銷長是最高層主管中的策略合作夥伴，幫助確定組織的目標。

每個行銷活動都有一個可供量化的衡量目標。內容對應到顧客人物誌和顧客旅程。足以定期進行實驗和測試。

行銷部門可以從客戶關係管理系統中獲取營收的數據，進而可以計算投資報酬率。行銷部門和銷售部門一起溝通和追蹤數據。對銷售核可潛在客戶（SQL）設定共同的定義。

行銷部門可取得自己的數據，但其他單位的數據仍然無法打通。行銷以團隊的形式準備報表，但不一定能呈報投資報酬率或營收。採用單一管道歸因。

行銷遭遇數據的問題，缺乏取用數據的方式，發生數據孤島，以及組織內部缺乏合作。行銷沒有按照投資報酬率或營收來衡量。

新手	基礎	中級	高級	精通
0-55分	56-110分	111-165分	16-220分	221-240分

圖 4-2 數據至上的行銷成熟度模型與得分範圍

　　你的表現如何呢？讓我們把你的總分與行銷成熟度模型上的範圍進行比較，請參考圖4-2。

▌0－55分：新手階段

　　如果你的組織得分落在新手階段，那麼你就很難開始進行數據至上的行銷方式，因為這些類型的組織通常缺乏使用所需數據的方式，或者整個組織的數據是分散儲存，無法打通使用。由於沒有基本數據可供判斷，因此幾乎無法衡量投資報酬率或行銷對營收的影響。

　　在這個階段，組織尚未準備好取用自己的數據進行分析，更不用說利用數據來發揮重要功效了。在進行分析之前，很可能需要全面檢查流程、數據、技術架構及其他領域。位於新手階段的組織主要是利用來自各個行銷科技平台的現成報表，而銷售和行銷的整合與報表有限，或甚至沒有。

　　要從哪裡開始呢？本書接下來的章節將帶領你做到所需的步驟，走上正確的道路，開始貫穿整個組織、追蹤和分享數據，以及如何在數據至上的行銷成熟度模型中，思考行銷科技的規劃和行銷分析。

▌ 56－110 分：基礎階段

　　如果你的組織得分落在基礎階段，那麼你們已經開始了數據至上的旅程，但是仍有好一段路要走。這些組織可能已經採用了「單一管道歸屬」（Single-touch attribution）模式，並且可以取得自己的行銷數據進行分析。然而，他們仍然經常無法取得整個組織中的數據，例如來自銷售團隊和客戶關係管理系統的營收數據，並且與銷售團隊之間的聯繫鬆散——是有計畫要做，但是數據不完整。

　　回頭來談評估，總共分為 5 個部分，將於接下來的 5 個章節個別討論。你們在哪些環節的得分最低呢？雖然所有 5 個步驟都來檢視會對你有所幫助，但特別要注意的章節應該對應到你的組織似乎最需要成長的領域，才能實現數據至上的行銷成熟度。

▌ 111－165 分：中級階段

　　如果你的組織得分落在中級階段，代表你們表現得相當不錯，正邁向通往成功的道路。再次重申，在這個階段同樣還有很大的成長空間。這個階段的組織很可能取得了營收數據，並正在計算行銷的投資報酬率。他們很可能會

對行銷和銷售漏斗，以及「銷售核可潛在客戶」的定義，與銷售部門保持高度的一致。這種一致性進一步反映在行銷工具的緊密整合，例如行銷自動化和業務客戶關係管理系統，使投資報酬率和根據目標製作的報表至少有一些多管道互動歸因。

位於中級階段的組織需要著重哪些領域，才能實現數據至上的行銷呢？同樣的，要回來看評估結果，總共分為 5 個部分，於接下來的 5 個章節個別討論。你們在哪些環節的得分最低？雖然所有 5 個步驟都來檢視會有所幫助，但特別要注意的章節應該對應到你的組織在達到數據至上行銷的成熟過程中，最可以成長的領域。

▌ 166 - 220 分：高級階段

如果你的組織得分落在高級階段，那麼代表你幾乎掌握了數據至上的原則。從流程到數據整合，你的組織與銷售部門完全一致。組織這樣全員口徑一致，行銷能夠根據實際顧客數據，建立強大的「買家人物誌」，並基於這樣的顧客數據，創造行銷活動的內容和鎖定目標市場。行銷可以取得統一的數據檢視，並且能夠自己調整分析和資料視覺化。部分的行銷團隊人員（但不是全部團隊人員），

會定期對行銷作業數據進行分析，並用來提高行銷活動和計畫的績效和效率。

高級階段的組織需要著重哪些領域，才能實現數據至上的行銷呢？同樣的，要回來看評估結果，這5個部分於接下來的5個章節個別討論。你們在哪些環節的得分最低？雖然所有5個步驟都來檢視會有所幫助，但特別要注意的章節應該對應到你的組織似乎最需要成長的領域，才能實現數據至上行銷的精通。

▌ 221－240分：精通階段

在數據至上的行銷成熟度模型中，得分超過220分以上的組織屬於精通階段。在數據至上的行銷轉型上，這些組織在所有方面都已到位：人員、流程、技術、數據，尤其是文化。整個行銷團隊在日常行銷活動中，採納行銷數據分析的見解。行銷與業務保持一致，且行銷被認為是支持組織快速創新和成長的動力。

並非所有組織都會到達精通階段；我們預計大多數經歷這種轉型的組織都會以高級階段為目標，但更有可能的是會維持在中級階段，並在某些方面達到高級階段。

如果仔細觀察不同的階段，你會發現公司的規模（和

行銷預算）不是你可達到階段的影響因素。是的，大型公司有能力聘請數據科學家，但是正如我們在顧能公司「2018年行銷分析調查」中所看到的，有45％的行銷組織擁有這些昂貴的資源來做基本的任務，最主要的是在清理數據，這還假設他們有正確的數據可以著手。

　　換句話說，這意味著這些組織還沒準備好，就試圖直接分析，所以連基礎階段或中級階段都從未達到。雖然大公司可以負擔得起顧客數據平台，來檢視統一的數據，並且負擔得起必要的資源，來幫助他們在這方面處理妥當，但是他們的要求很可能比小公司複雜得多，而且涉及的層面也更廣。另一方面，大公司非常有可能已經花了大把時間和資源，來確定目標和策略，而小公司則更可能處於被動回應或求生存的模式，後者唯一的「策略」是先能賺到錢。

　　不論你發現自己的公司處於什麼階段，都不要因為當前的狀況而氣餒，重要的是，你開始改變了。

　　記住這句名言：萬丈高樓平地起。現在開始吧！

第五章

步驟1：
讓行銷與業務同調

　　首先，要實現數據至上的行銷，需要使行銷的策略、大範圍願景和具體化目的與業務的策略、大範圍願景和具體化目的保持一致。但是，行銷長可能常常沒有參與制定這些組織目標。部分原因可能是行銷團隊被邊緣化，被劃為成本中心，而非公司創造營收的部門。要糾正這種情況，需要與公司的主要利益相關者建立相互關係，包括執行長，以及業務、財務和技術部門的管理高層。

　　在本章中，我們將介紹數據至上的行銷流程第一步：使行銷團隊與策略銷售團隊和合作夥伴保持一致。這些合作夥伴關係不僅可以幫助我們了解業務目標，而且可以增強行銷的聲量，並幫助我們取得行銷績效所需的數據，來評估情況是否與業務目標相符。

行銷是成本中心，還是收入中心？

　　你的公司對行銷有什麼看法呢？如果你今天在公司進行投票調查，執行長和其他最高層主管會認為行銷是成本中心，還是收入中心？成本中心通常被視為是必要業務支出的部門，是產生「費用」的地方，而收入中心則被視為是產生「營收」的部門。對於許多組織而言，策略、績效指標和向財務利益相關者（通常是財務長和執行長）證明行銷預算的合理性，這當中僅存在微弱的關聯。

　　從財務長的角度來看，行銷是成本中心，而不是收入中心。軟體公司Bizable的「2018年管道行銷狀況報告」[1]發現，有超過一半的行銷人員認為，行銷組織被企業視為是成本中心，而不是收入中心。

　　Chief Marketer網站在2016年的一項研究中指出，超過50％的最高層主管認為，公司的行銷支出並未顯著提高銷售總額的營收，甚至未提高利潤——對於行銷團隊來說，當他們試圖說服組織，要合理化或增加行銷預算時，這確實是一個問題。

　　此外，由於行銷部門被認為是成本中心，而非收入中

1　2018 State of Pipeline Marketing Report

心，因此當組織要裁員時，行銷團隊往往會成為被開鍘的對象。正如WorkItDaily.com的創辦人兼執行長、曾任人力資源主管的歐唐納（J. T. O'Donnell）在美國經營類雜誌《Inc.》的一篇文章中警告說：「在經濟危機時期，公司的重點是留下投資報酬率最高的員工。」

那麼行銷部門該如何改變這種態勢，使自己成為人們眼中的收入中心呢？首先，你必須要向執行長和最高層主管顯示出自己的價值——特別是要用數據來證明：行銷活動增加了公司價值和營收。

把老闆對行銷的看法，從成本中心轉變成收入中心

既然執行長和企業的主要目標是增加商業價值（創造營收），那麼行銷團隊可以提供哪些指標來證明自己呢？顯然，「產生出來的營收」是最好的指標，但是如果行銷團隊無法取得這些數據該怎麼辦？這就跟其他目標一樣，先從「目標」著手會有些幫助，然後倒推回去、確認會有哪些步驟（在這種情況下，需要的是衡量標準），這樣有助於確定實現該目標的進展。

衡量營收的產生可能還牽涉到一些系統，而這些系統

往往不是行銷團隊所擁有或管理的，尤其是對於那些不透過線上方法來產生營收的公司。但是，對於許多「軟體即服務」公司（SaaS）而言，投資報酬率很可能是透過行銷團隊擁有的工具來確定的，例如Google Analytics。使用Google Analytics的電子商務目標追蹤，公司可以直接查看營收產生的情況，並將其歸因於特定的行銷活動和行銷管道。

相比之下，那些在線下創造營收的公司將面臨更大的挑戰——他們要把來自各種系統的數據結合起來，以獲取真正的行銷活動投資報酬率指標。當行銷人員希望從這些系統中蒐集數據時，我們首先必須了解我們要從這些系統中尋找哪些指標。行銷人員可能在行銷系統中擁有量化數據，但你可能沒有你所需要的所有數據，這取決於你要衡量的業務目標。此外，某些指標還要求銷售團隊或其他部門，在其系統中讓數據維持最新的狀態。例如，如果銷售人員沒有更新機會的營收，那麼關於營收潛力的報表將不可能會準確。

透過與關鍵利益相關者建立相互關係，行銷長和行銷團隊可以開始與組織其他部門建立起信任和支持。透過這些合作夥伴關係，行銷可以取得組織需要報表中的最重要指標（包括營收）所需的數據，從而建立行銷做為收入中

心，而非成本中心的聲譽和價值。

獲得主要利益相關者的支持

　　數據的妙處在於，一旦我們就重要的數據和測量方式達成一致，數據就可以在多個業務部門之間創造共通語言。顧能公司資深總監卡莉・依德萬（Carlie Idoine）說：「隨著數據和分析方法的普及，用這種語言溝通的能力，即擁有『數據素養』，已成為新的組織準備度因素。如果沒有共通的語言來解釋組織中的各種數據來源，那麼在使用根據數據和分析的解決方案時，必定會面臨溝通挑戰。」無論你要面對的是什麼利益相關者，分享共通的數據衡量方式和目標都是組織成功的關鍵，包括行銷的成功。

　　但是，我們也必須小心，不要讓我們的利益相關者被大量的數據淹沒。如果每個資料點都去檢查的話，這樣會耗盡數據和分散注意力。每位利益相關者都有自己的組織優先事項，是我們必須要去應付的，列舉如下。

▋執行長

　　組織中的每個角色都有自己的職責，執行長也不例

外。用體育來做比方,執行長是球隊的教練和總經理。如
果教練或總經理沒有達到球隊的目標,他們就會被解雇。
對於執行長來說,通常也是如此。

維基百科把執行長定義為「負責使公司的價值最大
化,其中可能包括股價、市占率、營收或其他要素的最大
化」。許多執行長是由董事會聘請,並直接向董事會報告。
當董事會每季度召開會議、審查執行長在過去一個季度中
的表現時,他們基本上是在衡量那個期間的績效,而執行
長要負最終責任。

即使公司沒有董事會或未上市,執行長仍然有最重要
的責任,就是透過營收使公司的價值最大化。簡單的損益
原則規定,如果公司未獲得足夠的營收,則必須削減支
出,包括行銷預算和員工在內的整體成本。最終,你的執
行長關心的是增加公司的價值、為股東帶來價值,並保持
公司的生存能力。

由於執行長會專注於這一點,對組織會有特定的成功
指標,其中最重要的是就創造營收和股價。回顧一下,雖
然投資報酬率和營收報告是理想的選擇,但85%的執行
長希望行銷人員至少能向其報告以下內容:

1. 潛客數量(銷售核可潛在客戶)。

2. 潛客轉變成商機的比率（Lead to opportunity rate）。

3. 每位核可潛在客戶的成本。

4. 商機營收的潛力（即銷售管道）。

5. 產生的營收。

　　儘管在行銷團隊內部，我們可以使用一些KPI和測量指標，來判斷行銷團隊自己在投資報酬率、營收和上述5項執行長目標方面的進展，但最終我們向執行長匯報的指標，應該主要集中於最能證明行銷在增加營收和投資報酬率方面的進展。

　　執行長願意相信行銷，並樂於接受將行銷納入整體業務目標和前瞻性目標的設立中。2019年麥肯錫公司的一項研究顯示，83％的執行長渴望讓行銷成為公司成長的主要推手。但是，要想得到執行長的支持，必須證明如何運用行銷來推動成長。

　　透過正確的數據和測量指標，行銷可以向執行長和組織證明，「行銷可以推動成長的價值」，但這需要整個公司高層更大的轉變和合作。

■ 銷售高層

　　銷售高層與執行長類似，他們最終將以創造營收，來被衡量是否稱職。在大多數情況下，銷售團隊透過銷售佣金，受到金錢的獎勵，主要專注於創造營收。但是，如果沒有行銷的支持，銷售高層就無法實現團隊的目標。不幸的是，如圖5-1所示，儘管銷售團隊經常認為行銷部門有「創意」和「靈活度」，但是行銷並不一定被視為「以結果為導向」。

　　幾乎所有你看到的研究都會證實，行銷和銷售部門達到較高一致性的組織，他們所獲得的營收，會高於未達到一致性的組織。LinkedIn的研究顯示：銷售和行銷保持高度一致的企業，在達成交易方面的效率提高了67％，留住顧客方面的效率則提高了58％，並且透過行銷的工作，為公司帶來了208％的營收成長。

　　儘管公司的每名利益相關者都會影響到大家對行銷的觀感，以及行銷在公司策略、大範圍願景和具體化目的的發展中，可能會發揮的作用，但也許與行銷關係最重要和最直接的，莫過於銷售部門了。改變銷售人員對行銷的看法，並證明行銷工作的價值，取決於行銷對實現業務目標的量化衡量方法。首先，行銷必須真正實現與銷售一致性。

銷售眼中的行銷是……

下圖顯示了銷售人員對行銷同仁的觀點，並以加權反映排名的方式，顯示他們所選擇的前五名形容詞，愈多被人選擇的詞語，積分愈高：

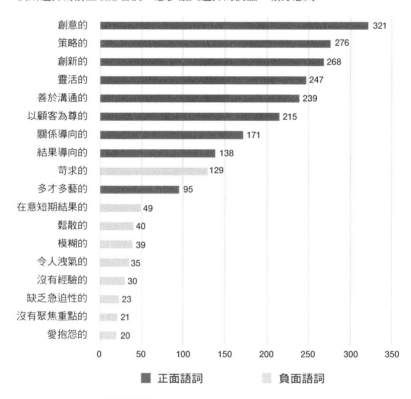

創意的	321
策略的	276
創新的	268
靈活的	247
善於溝通的	239
以顧客為尊的	215
關係導向的	171
結果導向的	138
苛求的	129
多才多藝的	95
在意短期結果的	49
鬆散的	40
模糊的	39
令人洩氣的	35
沒有經驗的	30
缺乏急迫性的	23
沒有聚焦重點的	21
愛抱怨的	20

■ 正面語詞　　　▨ 負面語詞

圖 5-1　銷售人員對行銷部門的看法

資料來源：「LeadMD 銷售和行銷一致性調查基準和見解報告」（The LeadMD Sales and Marketing Alignment Survey Benchmarking & Insights Report © 2019 LeadMD & Drift）

但是，銷售和行銷的一致性到底是什麼意思呢？許多事情，包括以數據至上的行銷也一樣，公司各單位之間的一致性也有其高低範圍。起始端是有限的一致性，銷售和行銷是孤立的組織，不會互相交談，也沒有共同的目標。行銷甚至可能會在毫無實際的銷售需求和使用情況下，就製作內容和行銷活動。

這兩個部門的數據和報表很可能是分開的，這意味著從獲取潛在客戶，到顧客營收，這樣的的端到端報表（end-to-end reporting）是做不出來的。

根據軟體公司Altify的「2017年業務績效基準研究」[2]，儘管大多數行銷和銷售組織都表示，他們「兩方合作良好」，但只有54％的銷售人員同意「我們公司做的行銷是對公司資源的有效投資」。行銷人員則更加樂觀，有86％的人同意這樣的說法。那麼，究竟是什麼因素導致業務和行銷之間不同調呢？

2017年綠電行銷（Televerde）在他們的「銷售人員需要和想要的行銷是什麼？」研究中，對200位銷售主管進行了調查。對於這種部門之間的不同調，銷售主管給出的前三大原因是：

2　2017 Business Performance Benchmark Study

1. 缺乏定期溝通（37%）

2. 潛客資格認定的過程（30%）

3. 對於銷售和行銷的成功，衡量方式存在著差異（33%）

1. 定期溝通

　　如果我們真的要把銷售當作合作夥伴一樣對待，並尋求他們的指導和支援，就必須定期與銷售溝通、解決問題，並報告結果。為了解決這種缺乏定期溝通的問題，行銷人員必須定期與銷售主管開會、討論結果、獲得反饋，並積極讓銷售人員參與行銷策略的討論。

　　目標客行銷（account-based marketing）在過去幾年中已成為行銷的一個非常熱門的領域，它代表了與銷售團隊密切溝通和制定策略的重要機會，這種行銷策略引導行銷資源，去接觸特定的目標客戶。但是，這個鎖定的客戶名單是由誰去開發的呢？

　　多年來，我在與行銷團隊的多次對話中，我們經常會提出目標客行銷是個可行的策略，可確保公司的品牌和個人化消息出現在正確的目標對象面前，這些目標對象是公司銷售團隊積極針鎖定的新客戶。但是，在大多數情況下，行銷團隊並沒有與銷售團隊共同合作，來確定目標客

戶。儘管目標客行銷是一個熱門的流行詞,但行銷人員並
不一定總是與銷售人員同步執行目標客行銷。Ascend2 在
2018 年進行的目標客行銷研究中,行銷人員共同認為,
鎖定理想的客戶既是首要任務,也是最大挑戰(見圖5-2)。

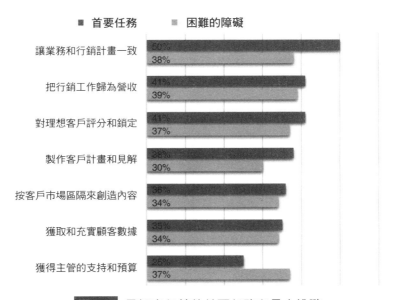

■ 首要任務　　■ 困難的障礙

	首要任務	困難的障礙
讓業務和行銷計畫一致	50%	38%
把行銷工作歸為營收	41%	39%
對理想客戶評分和鎖定	41%	37%
製作客戶計畫和見解	39%	30%
按客戶市場區隔來創造內容	36%	34%
獲取和充實顧客數據	35%	34%
獲得主管的支持和預算	26%	37%

圖 5-2 目標客行銷的首要任務和最大挑戰

資料來源:2018 年 1 月,由研究公司 Ascend2 和 Research Partners 進行的「目標客行
銷策略調查」。

儘管行銷與銷售團隊針對要鎖定哪些客戶,進行對
話,會很有助益,但這仍然是拿質化、軼事性數據與量化
數據在做比較。目標客行銷只是一個例子,說明行銷如何

使用量化的顧客數據，與銷售團隊的對話，並引導出對目標客戶名單的共識。根據諮詢公司LeadMD/Drift的研究顯示：來自業務和行銷的質化數據並不一定能準確地代表成功。

　　該研究還發現，在制定計畫時，結果更成功的組織，也更有可能是由兩個部門共同進行客戶鎖定，比起有某些銷售人員參與計畫，但由行銷人員主導，由兩個部門共同攜手合作的結果會更成功（見圖5-3）。

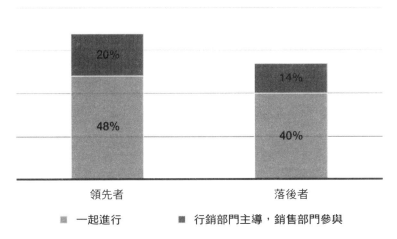

圖 5-3 行銷人員與銷售團隊共同計畫和鎖定客戶的百分比

資料來源：「LeadMD銷售和行銷一致性調查基準和見解報告」（The LeadMD Sales and Marketing Alignment Survey Benchmarking & Insights Report © 2019 LeadMD & Drift）

但是，這種溝通工作也必須是雙向的。下面以我們過去的真實故事為例，在回應一份重要提案徵求書截止時間的一個小時前，銷售人員請行銷幫忙，行銷團隊在截止時間之前，及時製作了客製化的產品規格表。這是否是銷售和行銷協調一致的例子呢？一方面，銷售需要創造特定的內容，來贏得交易，而行銷團隊立即提供了這些內容。另一方面，行銷團隊並沒有獲得足夠的回應時間，也沒有參與到提案徵求書的準備過程。

在與銷售團隊建立通暢的溝通管道的同時，行銷高層也有責任延遲銷售團隊的要求，並堅持參與業務流程。正如我們的提案徵求書故事所說明的那樣，行銷工作並不止於與銷售部門交接任務而已。說得更確切一點，行銷和銷售需要無縫溝通和合作，使潛客符合資格，並促使他們成為顧客。

2. 潛客的資格認定

潛客的資格認定需要行銷與銷售團隊共同定義。與其憑空定義山漏斗階段和定義條件，不如與銷售人員一起定義「行銷接受潛在客戶」（Marketing Accepted Lead）、「行銷核可潛在客戶」（Marketing Qualified Lead）、「銷售接受潛在客戶」（Sales Accepted Lead）和「銷售核可潛在客

戶」（Sales Qualified Lead）。

　　定義要交接給銷售人員的資料該包含哪些內容，也就是潛在客戶何時從行銷核可潛在客戶，轉變成銷售接受潛在客戶的狀態呢？銷售人員應幫助你確定他們需要什麼樣的潛客。圖5-4的例子示範了你的團隊可以採用的行銷和銷售漏斗，粗黑線表示從行銷轉移給銷售的潛客。

　　上述LeadMD/Drift的研究是關於銷售和行銷之間擁有一致性的研究結果。透過這項研究，他們開發了一種衡

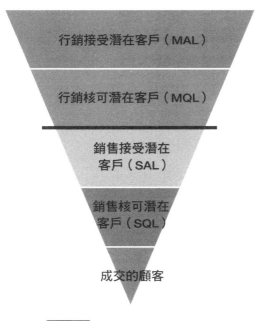

圖 5-4 潛客資格認定的案例

量方式，用於查明銷售和行銷如何一起朝著兩個共同目標
合作：績效（三年內的營收、獲勝次數和潛客品質的成長）
和管道（可預測營收的成長和永續性），結果令人驚訝。
如圖5-5所示，自述的行銷與銷售一致性情況（質化資料）
也並未反映在績效成長（量化資料）中，該圖用質化呈報

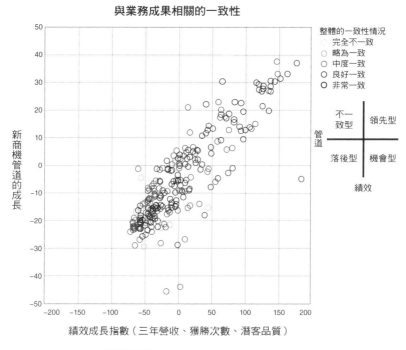

圖 5-5 相對於業務成果的一致性

資料來源：「LeadMD 銷售和行銷一致性調查基準和見解報告」（The LeadMD Sales
and Marketing Alignment Survey Benchmarking & Insights Report © 2019
LeadMD & Drift）

的方式，來顯示銷售和行銷一致性情況，與量化業務成果
之間的關係。

　　有趣的是，儘管行銷人員通常會認為，與銷售團隊共
同定義的行銷和銷售漏斗，是組織一致性的核心因素，但
行銷和銷售之間共同定義和協調的 KPI，卻並不一定反映
出績效和管道的成功。在 LeadMD/Drift 的研究中，行銷
和業務主管不一定會把績效與他們對一致性的定義聯繫
起來。在多達 70 個因素中，高階主管把圖 5-6 這 5 個因素
列為對銷售和行銷一致性最重要的因素。

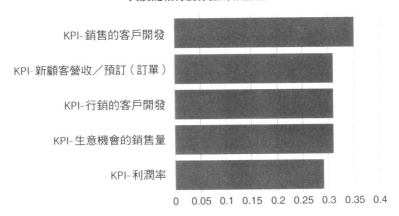

圖 5-6 　與廣泛相符度分的相關性

資料來源：「LeadMD 銷售和行銷一致性調查基準和見解報告」（The LeadMD Sales
　　　　Marketing Alignment Survey Benchmarking & Insights Report © 2019
　　　　LeadMD & Drift）

　　圖5-6顯示了銷售和行銷主管認為對銷售和行銷一致性最重要的5個KPI，以及與他們認為自己的部門與其他部門之間協調程度的相關性。

　　儘管這5個因素與主管們對一致性的看法最相關，但是這些KPI確實沒有達成效果，這點並沒有對主管的看法產生負面影響。只要銷售和行銷團隊共享KPI，這兩個組織之間就被認為達成一致性，即使這並不等同於有成功的結果。

　　這項研究證明，僅透過創造漏斗階段的共同定義，以及每個階段的條件定義，行銷是無法真正與銷售維持一致的。說得更確切一點，還需要**測量**，以了解那些平常定義的階段和KPI是否成功，以及**繼續改進**的方法，來共同實現業務目標。

3. 銷售和市場測量

　　為了使銷售和行銷的測量指標保持一致，行銷團隊還需要取得顧客數據，來評估兩個團隊如何合作，以達到他們在漏斗每個階段的共同目標。

　　LeadMD/Drift研究指出，共享的技術工具組合促進了通向成功的可見度和融洽感。而在其研究中，那些被認為落後的公司，在衡量潛客的選擇路線時，表示他們的技

術明顯落後得多，潛客進展數據通常僅歸銷售人員所有，而行銷人員沒有投入資料。多年來，這是我們在自己的行銷客戶身上看到的常見問題。如果無法透過漏斗，取得關鍵的潛客進展數據，以及用完成的交易和營收的形式，來表現最終的銷售結果數據，那麼行銷報表將受到嚴重侷限。

在衡量潛客的進展時也要知道，行銷工作可能不是導致潛在客戶在銷售漏斗中，沒有進一步發展的原因。雖然銷售人員可以與行銷團隊合作，開發內容，以幫助開發和完成交易機會，但是銷售團隊並不一定與行銷團隊合作開發銷售的流程或企劃腳本。讓銷售和行銷團隊之間傳遞潛客的資訊，可以讓行銷人員評估組織處理潛客的情況。

例如，我們有一個客戶，他們的行銷自動化軟體是用 Marketo，而客戶關係管理系統是用 Salesforce。雖然 Marketo 主要由行銷團隊擁有，被認為是行銷的工具，而 Salesforce 則由銷售團隊擁有，主要被認為是業務工具，但是兩邊工具的資訊會同步化，使行銷團隊可以清楚地了解，潛客資料在交給銷售團隊後的處理情況。可以預料的，銷售團隊總是渴望獲得更優質的潛客，更像是顧客或代表熱門已知潛客的人選——更優質的潛客可能意味著他們會更快完成交易，因此也意味著更快獲得銷售佣金。

　　在我們客戶的案例中，我們利用LinkedIn廣告來鎖定銷售團隊要求的非常特定專業人群。從廣告產生的轉換情況來看，在吸引特定專業人群的潛客方面，這個行銷活動似乎效果良好。但是，銷售部門繼續反應，商機轉換率頗低，這意味著「潛客」並未成為「生意機會」，並且導致銷售人員質疑行銷活動產生的「潛客」實際品質。

　　我們對一些特定的潛客進行了更深入的研究，這些人最初似乎是正確的目標專業人群，例如職稱、經驗和公司名稱，這些條件象徵此人是行銷核可潛客，並開始把潛客移交給銷售團隊。當我們開始深入研究這些潛客時，我們看到了問題可能出現的地方——儘管看起來是優質的潛客，但銷售過程可能並沒有按照預期的方式進行。銷售過程包括寄電子郵件給潛客，但是在許多時候，過程中從未直接打電話給潛客。

　　依賴寄電子郵件給潛客的挑戰在於，你並不一定知道潛客是否確實收到，並看了你的電子郵件，或者電子郵件是否被歸類成垃圾郵件。雖然像Marketo這樣的行銷自動化工具替行銷人員提供了測試功能，試圖防止電子郵件被收件人的伺服器歸類為垃圾郵件，但像Salesforce這樣的客戶關係管理軟體和像微軟Outlook這樣的電子郵件軟體，通常沒有這些測試功能。

　　此外，雖然開信率並非總是準確的衡量標準，但它可以幫助行銷人員確定，對方是否已收到電子郵件，並避免了被歸類到垃圾郵件中；然而，銷售團隊常常又沒有這些工具可以使用。

　　評估寄出的電子郵件顯露了另一個可能的問題：電子郵件的腳本。

約翰，我猜我們失去聯繫的原因有三種：

1. 我做了一些得罪你的事情。
2. 你在跟別人合作，只是不想告訴我，怕傷害了我的感受。
3. 你拼命想回覆我，只不過被嚴重的事情給耽擱了，所以沒有空去敲鍵盤。

如果你能讓我知道問題是其中之一，還是有其他我沒有想到的問題，我會當成是你幫我個大忙了。如果問題是第三種，請回覆這封電子郵件，我會寄出可以幫你的方法！

祝好
喬

　　遺憾的是，像上面這樣的銷售電子郵件還很常見。但是，真的有效嗎？這種電子郵件是為了讓潛客可以哈哈大

笑，激發他們做出回應嗎？我想不透為什麼銷售人員會採
用這種方式。此外，還有其他銷售人員試圖透過網路追蹤
來聯繫已知潛客，例如以下我們收到的這封電子郵件，要
我們考慮更換退休福利金的基金公司：

珍娜：

　我注意到我們沒有什麼共同的人脈，無法向您熱情的自我
介紹，因此我希望可以直接與您聯繫。

　我注意到您在 Marketing Mojo 領導著一個不斷成長的團隊，
我想您會想知道我們是如何幫助規模持續擴大的公司提供退
休福利金計畫，同時以合理的管理費用，遵循國稅局法規。

　我們身為受託人，有責任確保您的員工為他們的退休福利
金計畫支付最低的費用，這因此可以：

• 減輕您的責任。
• 透過主動測試您的計畫，來防止您未能通過政府的「禁止歧
　視」檢驗。
• 透過積極監控計畫績效，把員工減免額度提升到最高。

　如果您是討論 Marketing Mojo 福利金制度的合適人選，那
麼您何時有空呢？如果不是，您建議我可以聯繫哪位窗口？

謝謝，
鮑勃

挺厲害的，鮑勃，但你沒有成功。現在，我們只是認

為你在跟蹤我們。

當你看到這樣的潛在問題時，這為行銷提供了一個機會，可以與銷售人員更深入合作，幫助制定和定義訊息的傳遞，更重要的是，要衡量訊息的效果！

正如我們的例子所顯示，行銷和銷售人員都可以不受限制地取得必要的數據，這對於理解和衡量團隊共同目標的成效是必要的。但是，進一步來說，如果兩個部門之間的數據並不乾淨俐落，也沒有經過整合，那麼將很難量化價值。軟體公司Allocadia在2017年的研究發現，近50%的行銷和銷售數據要不是很凌亂，就是不斷在重新更改報表格式的過程，如圖5-7所示。

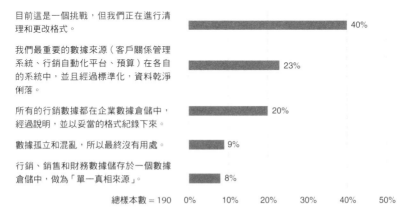

圖 5-7　行銷人員如何評價公司行銷和銷售數據的整體狀況

資料來源：2017年Allocadia行銷績效管理成熟度研究

　　行銷在與銷售合作時，必須對行銷和銷售單位之間既定的數據策略，加以定義。如果對於數據輸入的方法沒有建立流程和規則，以及對命名原則和數據輸入沒有標準，那麼數據很快就會變得混亂，對任何一方都毫無用處。

　　在一家公司中，茱莉亞的行銷團隊承接了一個Salesforce資料庫，裡面有許多不相關的舊數據。有上千條潛客資料未列出原始潛客的來源，它們是從貿易展覽會中產生的嗎？還是「自然搜尋」³產生的？由於沒有潛客的來源，也不知道這些聯絡人是否選擇接收電子郵件，她的團隊無法把這些潛客名單用於行銷自動化平台Marketo的推銷式行銷活動。行銷團隊花費大量時間清理資料庫，然後，同樣重要的是，替行銷和銷售建立新的數據策略，並調整Salesforce和Marketo的系統來符合需求。透過考慮行銷團隊在未來營收和管道報表中所需要的指標，該團隊在更新生意機會的資料時，定義了銷售人員在Salesforce中輸入特定資訊的過程。

　　但是，如果兩個團隊之間沒有達成一致的意見，也沒有進行培訓，那麼制定數據策略的作用就不大。茱莉亞的行銷團隊與銷售團隊召開了會議，訓練他們遵循新數據策

3　自然搜尋意指在搜尋結果中來自那些非付費網站的結果。

略的方法。行銷團隊在數據策略方面的高層制定了公司數據治理策略，用整合的數據資料庫，來定義業務與行銷共同遵循的流程。這麼做使行銷團隊能夠製作端到端的報表，並證明行銷活動對管道和營收的影響。

此外，僅有政策並不能確保行銷或銷售人員就會遵守。數據策略還需要一種既定的衡量和執行方法，以確保相關人員會遵守。確保銷售人員遵守數據策略的最佳方法之一，就是讓銷售報酬與數據策略的執行情況掛勾。

在軟體公司 ScienceLogic 時，茱莉亞遇到了一位真正數據至上的銷售主管。當這名新的銷售資深副總裁開始在公司工作時，帶進了他大部分的延伸銷售團隊，包括一名專門的銷售營運團隊成員，他從行銷部門獲得了 Salesforce 客戶關係管理系統的管理權。一旦建立了數據策略，這名銷售營運團隊成員就用指標和報表，大量根據需求調整 Salesforce 的客戶關係管理系統，以資深副總裁需要的視覺化和管理方式，來追蹤銷售管道和生意機會。他還每週舉行一次必開的銷售會議，並且要求每名銷售人員必須在會議之前，更新他們在 Salesforce 中的數據，因為他們要對自己提供的數據負責。每週的業務拜訪都會有行銷人員參加，加強了行銷人員對潛客狀態的了解，並強化了銷售與行銷的一致性。

　　這名資深副總裁大力支持了行銷團隊及其工作，進一步加強了銷售和行銷的關係。當行銷需要與銷售機會相關的所有聯絡人時，他會支持這項工作，並要求銷售團隊更新聯絡人的資料，甚至讓這項工作可以獲得報酬，幫助行銷追蹤多種行銷接觸方式，達成交易。

　　這名銷售主管明白數據的重要性，不光是對於行銷，而且是對於整個組織及其成功的重要性。他在整個銷售組織中，擁護透明化，並強制執行數據的完整性。讓數據與薪酬掛勾，有助於確保數據的準確和完整。他的流程打破了銷售人員特有的數據孤島，並確保重要的顧客數據屬於整間公司，並在公司內共享，以實現公司的目標，而不僅僅是達成個人的目標。

　　與銷售主管合作，了解銷售團隊更新數據的過程——成功的銷售主管通常會高度重視潛客、生意機會和管道數據的資料，會讓這些資料維持在最新的狀態，還會確保銷售團隊使用共通的定義和實行方式，以便讓行銷人員能夠理解數據和挑戰。

▍財務主管

　　根據Bizible的「2018年管道行銷狀況報告」，呈報投

資報酬率為 1.5 倍或更高的行銷人員，被認為是組織的收入中心的可能性增加了 111％。行銷常常被視為是間接費用，這使得行銷費用容易被削減。

在前述 2019 年麥肯錫公司的研究中，有 45％的受訪財務長表示，過去行銷計畫被拒絕或沒有獲得全額資金的原因，是它們沒有顯示出明確的價值方向。行銷需要向財務長證明其價值，以確保獲得適當的資金，並被視為策略合作夥伴般地敬重。

從成本中心到收入中心的觀念轉變，也給行銷帶來了動力。根據 2016 年會計軟體公司 Intacct 的調查顯示，財務長在組織中也發揮了更大的策略作用。透過把行銷從成本中心轉變為策略合作夥伴和收入中心，行銷團隊將對公司的整體策略方向有更大的影響力和投入。

但是，除非行銷與財務建立更好的關係，並為組織提供可衡量的財務影響力，否則觀念是不會改變的。許多行銷團隊仍然與財務部門沒有密切關係，行銷人員更常見的回答是，「我們只在被迫時，才會開口說話」，而非回答財務部門是策略合作夥伴（見圖 5-8）。

首先，行銷必須講財務「聽得懂」的話。正如從事行銷服務的派德維茲（Pedowitz）集團策略長黛比・葛蒂許（Debbie Qaqish）的推測：「如果行銷不是帶來收入的組

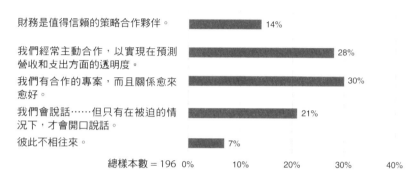

你如何描述行銷與財務的關係？

財務是值得信賴的策略合作夥伴。	14%
我們經常主動合作，以實現在預測營收和支出方面的透明度。	28%
我們有合作的專案，而且關係愈來愈好。	30%
我們會說話……但只有在被迫的情況下，才會開口說話。	21%
彼此不相往來。	7%

總樣本數 = 196   0%   10%   20%   30%   40%

圖 5-8 行銷人員如何評價他們與財務部門的關係

資料來源：2017 年 Allocadia 行銷績效管理成熟度研究

織，那麼財務長和行銷長的對話就會像是在雞同鴨講。財務長講的是商業用語：成本、營收、預訂和預測；傳統的行銷人員講的卻是創造曝光次數和流量。沒有人會去在意網站的顏色，尤其是最高層主管。當行銷組織專注於『收入行銷』時，你就會發現行銷長和財務長說的是同一種語言。」

使財務長和財務主管成為你設定預算和行銷目標的策略合作夥伴。準備好量化的收益表現數據，以及根據過去績效的收益預測，這樣你就可以胸有成足的與財務人員開會。

■ IT 主管

　　資訊長和行銷長之間的關係變得愈來愈重要。有鑑於
當今行銷科技工具組合的複雜程度，行銷必須與IT建立
互相搭配的關係。行銷人員不一定是系統整合方面的專
家，有些時候，行銷需要更大的技術協助，才能整合不同
平台的數據。資訊長和IT部門用他們的專業技能，來幫
助帶領這部分的工作。實際上，根據國際數據集團
（International Data Group）2020年的「資訊長現狀調查」，
資訊長反應，他們愈來愈常協助行銷確定和定義業務需
求、研究產品和供應商，以及幫助他們進行數據分析。

　　資訊長就像行銷長一樣，也愈來愈感到有義務把自己
的努力與業務成果掛鉤。在國際數據集團2019年的報告
中，有81％的資訊長回答說，「他們承受著巨大的壓力，
需要捍衛花在他們部門上的投資，並證明投資報酬率。」

　　我們發現行銷人員在IT方面比較常見的錯誤之一，
是與專案的時程管理有關。由於各個部門對IT部門的需
求不斷增加，導致專案的積壓。我們經常看到行銷團隊提
出一個程式設計的技術要求，以改善網站上的網頁載入時
間，眾所周知，這是Google對搜尋引擎優化的排名因素，
但由於其他專案在IT的工作中排在更優先的位置，因此

行銷單位的請求被擱置了幾個月。

要知道，資訊長可能會根據營收影響，來排定專案的優先順序；此外，資訊長也可能會就行銷科技工具組合得來的數據，分享數據的管理和分析等資訊，所以要用你們共同利益的角度來與資訊長交涉。如果 IT 部門可以協助整合系統，取得行銷所需的數據，用量化的方式衡量營收和投資報酬率，那麼資訊長應該被迫優先考慮行銷的 IT 請求。

馬上開始！

行銷必須在其預算、業務和創造營收的方面上，重新發揮驅動的作用。但首先，組織對行銷的看法要有一些徹底的改變。對於行銷人員而言，機會就在眼前，可以領導組織變革，並實現營收的成效，一切從三個主要步驟開始。

1. 明白業務的目標，並欣然接受

在你提供能證明行銷對營收貢獻的指標之前，必須先了解組織的營收目標和其他主要目標。在理想的情況下，行銷團隊在設定這些目標的過程中扮演一定的作用，但在大多數情況下卻沒有。無論目標是什麼，你都應發現目

標，並確定行銷工作要如何務實地實現該目標。

2. 重新建立行銷和銷售部門的關係 ────────

如果行銷與銷售之間沒有互相搭配的關係，行銷團隊可能無法取得關鍵業務和營收歸因資訊，用以製作收入中心等級的報表。重新建立你與銷售團隊的關係，並確定如何獲取最貼近營收的資訊，無論這些數據是否僅限於生意機會、銷售核可潛在客戶，還是管道。

3. 建立關鍵指標的匯報計畫，並領導行銷團隊────

一旦與銷售部門保持一致，你就可以建立匯報計畫，包含來自銷售和行銷的關鍵指標，以證明行銷對營收目標的貢獻。讓銷售團隊參與你的匯報計畫，以達成理解、透明度和支持，因為你們雙方都在為實現共同的營收目標而努力。與銷售人員一起建立數據策略和指標，並建立可確保大家遵守數據策略的方法。

第六章

步驟 2：克服數據整合、架構和技術資源

實現企業目標與行銷策略／目標之間的聯繫，需要整合數據來衡量成功。但是，要從哪裡著手呢？如何連結所有不同的系統和數據，以確保從正確的來源，提取正確的數據，獲得所需的答案呢？

在本章中，我們會開始評估你所需的數據、數據可能存放的位置，以及誰擁有這些數據。並非所有的數據在一開始就會被整合，因此我們將介紹整合數據的方法，以便更清晰地了解數據所傳達的內容。我們將討論數據治理和數據策略的重要性，以確保數據集的乾淨俐落。最後，我們還會介紹如何創造「視覺化的數據」，這將可以協助你更有效地傳達資訊。

為你的「MarTech行銷科技工具組合」制定策略

　　為了真正從正確的來源，蒐集所需的數據，以用於數據至上的行銷，你需要備妥行銷科技的工具組合。行銷科技工具組合是你的一組技術，包括平台、軟體和工具，讓你執行、管理和衡量你的行銷工作。它可能結合了Chiefmartec.com提出的「行銷科技全景圖」中的多個項目（見圖6-1），而且這張圖可能看起來很複雜。

　　在許多情況下，行銷人員只是從先前的行銷團隊那裡承接了行銷科技工具組合的各個部分。行銷科技要更換起來，也很困難，且很花費時間。到頭來，許多行銷組織尚未就如何更新或擴增行銷科技工具組合，制定出明確的計畫。在2020年2月來自Ascend2的行銷科技工具組合優化研究中，只有19％的行銷人員表示，他們已經實施了行銷科技策略；而有多達23％的行銷人員表示，他們根本沒有統一共同的行銷科技策略（見圖6-2）。

　　但是，要實現數據至上的行銷轉型，你的行銷科技工具組合握有可以把資訊轉換為生產力的關鍵。如果你的行銷組織還沒有行銷科技工具組合策略，你需要從制定策略著手。首先，清點一下你當前的工具組合。你有哪些系統？這些系統中各有哪些數據？例如，我們組織的行銷科

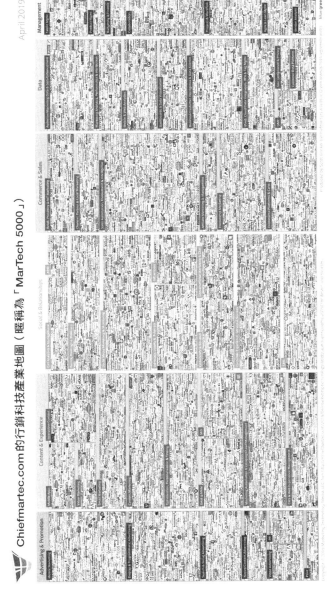

圖 6-1 2019 年行銷科技廠商的全景圖

圖片來源：Chiefmartec.com 的史考特・布林克所提供。請掃描 QR Code 以獲取大圖

在優化行銷科技工具組合的策略方面，以下哪一個最能描述你當前的情況？

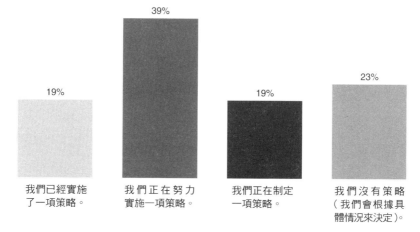

39%

23%

19%

19%

我們已經實施
了一項策略。

我們正在努力
實施一項策略。

我們正在制定
一項策略。

我們沒有策略
（我們會根據具
體情況來決定）。

圖 6-2 只有 19%的行銷人員實際實施了行銷科技工具組合的策略

資料來源：行銷科技工具組合優化，Ascend2

技工具組合包括以下的內容。

數據來源	所包含的數據
會計軟體	• 實際行銷支出 • 按客戶／專案劃分的實際營收
薪資軟體	• 行銷部門的人事投資
分析軟體	• 網站的流量 • 流量的來源 • 透過該流量實現的潛客目標
Google Ads	• 來自付費搜尋行銷活動的點擊 • 來自付費搜尋行銷活動的轉換
LinkedIn 廣告	• 來自 LinkedIn 廣告的點擊 • 來自 LinkedIn 廣告的轉換

數據來源	所包含的數據
行銷自動化軟體	• 行銷核可潛在客戶 • 潛客的行銷活動歷史記錄 • 來 Google、LinkedIn 廣告的轉換
客戶關係管理軟體	• 行銷活動 • 銷售核可潛在客戶 • 具有階段資料和價值的生意機會 • 結案交易的價值和日期 • 與結案交易相關的公司和聯絡人

評估現有行銷科技工具組合的六大提問

　　一旦你繪製出目前的行銷科技工具組合，以及所需數據的位置後，你可能會發現你缺少某些部分。在評估工具組合中，要添加的部分或應替換的項目時，有六個主要的問題要提出來。

1. 你是否有展現行銷商業價值的數據？

　　繪製我們目前的行銷科技工具組合，以及需要測量的內容，可以幫助識別出工具組合中可能存在的漏洞。在先前的對照表格中增加另一欄，列出在測量投資報酬率的過程中，要一起測量的項目。

　　下面的例子是我們自己的行銷科技工具組合對照表

格，列出數據來源所包含的數據及其做法，這可以讓我們
了解每項業務的測量。

我需要的數據	數據來源	其中包含的數據
按管道和（或）行銷活動的網站流量	分析軟體	• 按管道和（或）行銷活動的網站流量
按管道和（或）行銷活動產生的潛客	分析軟體、Google Ads、LinkedIn廣告、行銷自動化軟體	• 在分析和管道／行銷活動中所設定的目標 • 在廣告平台及其行銷活動中設定的轉換 • 按潛客建立的日期，及其管道／行銷活動來劃分的潛客數據／報表
按管道和（或）行銷活動劃分的潛客轉換率	分析軟體、Google Ads、LinkedIn廣告、行銷自動化軟體	• 在分析和管道／行銷活動中所設定的目標，以及來自這些管道／行銷活動的流量 • 在廣告平台及其行銷活動中設定的轉換，以及對該行銷活動的點擊 • 按潛客建立的日期，及其管道／行銷活動來劃分的潛客數據／報表，但可能沒有該管道／行銷活動的網站流量
按管道和（或）行銷活動劃分的行銷核可潛在客戶	行銷自動化軟體	• 按管道／行銷活動劃分，達到行銷核可潛在客戶條件門檻的潛客
按管道和（或）行銷活動劃分的行銷核可潛在客戶比率	行銷自動化軟體	• 符合行銷核可潛在客戶條件門檻的潛客，以及透過管道／行銷活動產生的潛客總數
按管道和（或）行銷活動劃分的銷售核可潛在客戶	行銷自動化軟體	• 透過管道／行銷活動，達到銷售核可潛在客戶條件門檻，並已分配給銷售的潛客

我需要的數據	數據來源	其中包含的數據
按管道和（或）行銷活動劃分的銷售核可潛在客戶比率	行銷自動化軟體	• 符合銷售核可潛在客戶條件門檻的潛客，以及透過管道／行銷活動產生，並已分配給銷售的潛客總數
按管道和（或）行銷活動劃分，潛客變成商機的比率	行銷自動化軟體、CRM 客戶關係管理軟體	• 按管道／行銷活動劃分，轉交給銷售的銷售核可潛在客戶總數 • 按管道／行銷活動劃分，成為生意機會的潛客
按管道和（或）行銷活動劃分，生意機會成交的贏率	CRM 客戶關係管理軟體	• 按管道／行銷活動劃分，從行銷潛客產生的生意機會總數 • 按管道／行銷活動劃分，成交生意機會的總數
按管道和（或）行銷活動劃分的平均生意機會價值	CRM 客戶關係管理軟體	• 按管道／行銷活動劃分，行銷產生每個生意機會的價值（取平均值）
按管道和（或）行銷活動產生的總營收	CRM 客戶關係管理軟體、會計軟體	• 按管道／行銷活動劃分，成交生意機會的總價值
按管道和（或）行銷活動劃分的終身價值	CRM 客戶關係管理軟體、會計軟體	• 按管道／行銷活動劃分的成交生意機會 • 迄今為止該合約的終身價值
按管道和（或）行銷活動劃分的投資報酬率	Google Ads、LinkedIn 廣告、CRM 客戶關係管理軟體、會計軟體	• 按管道／行銷活動劃分，成交生意機會的總價值 • 按管道／行銷活動支出劃分的行銷預算總計 • 可能還包括合約迄今的終生價值和長期投資報酬率（lifetime ROI）

　　從不同的來源中提取這些數據，然後把數據組合起來，以獲取資訊，雖然對於測量來說顯然是很重要，但整

個過程可能會很耗時。

2. 誰握有數據來源及其中的數據是什麼？

　　隨著我們的對照表格開始展開，我們可以開始清楚地辨識所需數據存放的位置。我們的對照表格也開始顯示，有些數據來源可能不屬於行銷部門，例如會計軟體。我們必須知道誰握有哪些數據，以便可以向握有該數據的單位，申請數據的取用。為了說明這一點，我在表中又增加了一列（以灰色顯示），以辨識擁有數據來源的部門：

我需要的數據	數據來源	數據所屬部門	其中包含的數據
按管道和（或）行銷活動的網站流量	分析軟體	行銷部門	• 按管道和（或）行銷活動的網站流量
按管道和（或）行銷活動產生的潛客	分析軟體、Google Ads、LinkedIn廣告、行銷自動化軟體	行銷部門 行銷部門 行銷部門 行銷部門	• 在分析和管道／行銷活動中所設定的目標 • 在廣告平台及其行銷活動中設定的轉換 • 按潛客建立的日期，及其管道／行銷活動來劃分的潛客數據／報表
按管道和（或）行銷活動劃分的潛客轉換率	分析軟體、Google Ads、LinkedIn廣告、行銷自動化軟體	行銷部門 行銷部門 行銷部門 行銷部門	• 在分析和管道／行銷活動中所設定的目標，以及來自這些管道／行銷活動的流量 • 在廣告平台及其行銷活動中設定的轉換，以及對該行銷活動的點擊

我需要的數據	數據來源	數據所屬部門	其中包含的數據
按管道和（或）行銷活動劃分的潛客轉換率	分析軟體、Google Ads、LinkedIn 廣告、行銷自動化軟體	行銷部門 行銷部門 行銷部門 行銷部門	• 按潛客建立的日期，及其管道／行銷活動來劃分的潛客數據／報表，但可能沒有該管道／行銷活動的網站流量
按管道和（或）行銷活動劃分的行銷核可潛在客戶	行銷自動化軟體	行銷部門	• 按管道／行銷活動劃分，達到行銷核可潛在客戶條件門檻的潛客
按管道和（或）行銷活動劃分的行銷核可潛在客戶比率	行銷自動化軟體	行銷部門	• 符合行銷核可潛在客戶條件門檻的潛客，以及透過管道／行銷活動產生的潛客總數
按管道和（或）行銷活動劃分的銷售核可潛在客戶	行銷自動化軟體	行銷部門	• 透過管道／行銷活動，達到銷售核可潛在客戶條件門檻，並已分配給銷售的潛客
按管道和（或）行銷活動劃分的銷售核可潛在客戶比率	行銷自動化軟體	行銷部門	• 符合銷售核可潛在客戶條件門檻的潛客，以及透過管道／行銷活動產生，並已分配給銷售的潛客總數
按管道和（或）行銷活動劃分，潛客變成商機的比率	行銷自動化軟體、CRM 客戶關係管理軟體	行銷部門 銷售部門	• 按管道／行銷活動劃分，轉交給業務的銷售核可潛在客戶總數 • 按管道／行銷活動劃分，成為生意機會的潛客
按管道和（或）行銷活動劃分，生意機會成交的贏率	CRM 客戶關係管理軟體	銷售部門	• 按管道／行銷活動劃分，從行銷潛客產生的生意機會總數 • 按管道／行銷活動劃分，成交生意機會的總數

我需要的數據	數據來源	數據所屬部門	其中包含的數據
按管道和（或）行銷活動劃分的平均生意機會價值	CRM 客戶關係管理軟體	銷售部門	• 按管道／行銷活動劃分，行銷產生每個生意機會的價值（取平均值）
按管道和（或）行銷活動產生的總營收	CRM 客戶關係管理軟體、會計軟體	銷售部門 財務部門	• 按管道／行銷活動劃分，成交生意機會的總價值
按管道和（或）行銷活動劃分的終身價值	CRM 客戶關係管理軟體、會計軟體	銷售部門 財務部門	• 按管道／行銷活動劃分的成交生意機會 • 迄今為止該合約的終身價值
按管道和（或）行銷活動劃分的投資報酬率	Google Ads、LinkedIn 廣告、CRM 客戶關係管理軟體、會計軟體	行銷部門 行銷部門 銷售部門 財務部門	• 按管道／行銷活動劃分，成交生意機會的總價值 • 按管道／行銷活動支出劃分的行銷預算總計 • 可能還包括合約迄今的終生價值和長期投資報酬率（lifetime ROI）

　　數據治理（關於在組織內如何蒐集、儲存和共享數據的政策）規範了哪些人需要授予行銷人員對於各種數據的取得權限。顧能公司將數據治理定義為「規範決策權和問責制框架，以確保在對數據和分析進行評估、創造、使用和控制時，採取適當的行為」。數據的所有者可能無法控制數據政策，這也可能意味著行銷必須與數據政策的控制者合作，以確保大家遵守數據治理，並確保根據需要，建立新政策來取得這些數據。

3. 製作這些報表需要什麼程度的整合？ ——————

取得數據只是問題的一部分。我們可以整合數據，從數據中看到趨勢，並洞察到關鍵嗎？

例如，在上述的對照表格中，假設我們想了解「自然搜尋的轉換率」。要計算管道的轉換率，我們可以使用以下的公式：

$$\frac{該管道的轉換}{來自該管道的流量}$$

如公式所示，我們可以從「數據分析軟體」這個源頭來提取數據，因為分析軟體可以為我們提供各個管道的流量和轉換。此外，在 Google Analytics 之類的分析軟體中，甚至可以直接在平台上為你計算轉換率。

但是，由於有其他測量指標，可能需要合併來自多個來源的數據。對於行銷人員來說，這一直是解決既有行銷科技工具組合元件功能時，面臨的較大挑戰之一。如圖 6-3 所示，根據上述 Ascend2 的研究，整合工具組合中的其他技術，仍然是許多行銷人員面臨的挑戰。

舉例來說，我想測量某個特定行銷活動的潛客變成商機的比率，以了解該行銷活動是否產生了「核可潛在客戶」，並開發成生意機會。這個公式需要的兩個數據是：

$$\frac{該行銷活動帶來的潛客轉換}{該行銷活動產生的生意機會}$$

　　儘管在行銷自動化工具中，行銷人員可能有初始潛客或轉換數據，但是就算在同個工具中，他們可能也無法取得是哪些潛客或聯絡人產生了銷售機會的資料。銷售機會的數據會存放在CRM客戶關係管理工具中，如果這兩個平台沒有來回交流這些數據，那麼行銷人員就只能分別取得數據，並在平台之外重新組合數據，並辨識趨勢，這樣可能非常耗時。

工具組合中的技術應提升哪些功能，來優化行銷？

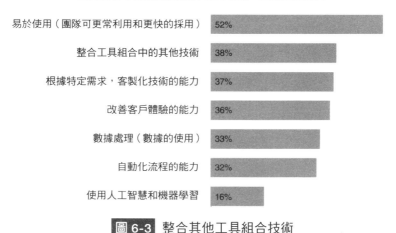

易於使用（團隊可更常利用和更快的採用）	52%
整合工具組合中的其他技術	38%
根據特定需求，客製化技術的能力	37%
改善客戶體驗的能力	36%
數據處理（數據的使用）	33%
自動化流程的能力	32%
使用人工智慧和機器學習	16%

圖 6-3　整合其他工具組合技術

資料來源：Ascend2的「行銷科技工具組合的優化研究」（Martech Stack Optimization）

　　在理想情況下，行銷人員需要快速、輕鬆地評估管道和行銷活動的成效。為了更快速地做出決定，需要「單一虛擬管理平台」方法，讓行銷人員快速取得所需的資料點。技術詞典網站 Webopedia 的凡姬・比兒（Vangie Beal）把「單一虛擬管理平台」描述為，「一種管理工具，例如統一的控制台或儀表板，把來自多個應用程式和環境的不同來源資訊，整合到單一的顯示畫面中」。這些數據見解是當今行銷人員渴望從行銷科技工具組合中獲得的東西（見圖 6-4）。

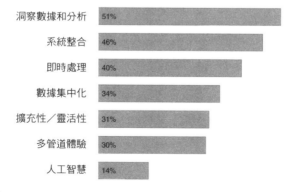

實施行銷科技工具組合，最重要的功能是什麼？

洞察數據和分析	51%
系統整合	46%
即時處理	40%
數據集中化	34%
擴充性／靈活性	31%
多管道體驗	30%
人工智慧	14%

圖 6-4　行銷人員把「洞察數據和分析」，視為實施行銷科技工具組合的最重要功能

資料來源：Ascend2 的「行銷科技工具組合的優化研究」（Martech Stack Optimization）

4. 如果有的話，你需要對數據進行哪些額外的轉換？─

重要的是，要先想好你需要的什麼樣的情報，然後弄清楚可以從何處獲得這些數據，以及需要對數據進行什麼類型的轉換。

身為行銷人員，你不應感到受限於特定的行銷科技平台；開箱即用的報表只是一個開始，但是太多人依賴的通用版本，本來是可以搭配領域龐雜的業務，但是當你的業務是獨一無二時，它就不適用了。現在，有更多的視覺化選擇（例如可以購買附加的模組和第三方工具），對於更廣泛的業務範圍都是可以負擔得起的，這讓你可以撈出數據，進行某種轉換，然後儲存數據，或即時進行計算，以便在報表和儀表板中，顯示你需要的東西，供行銷、銷售管理階層、執行長、財務長等人使用。

我們用過一個需要數據轉換的指標，這個例子來自銷售和行銷漏斗。根據按階段存放潛客資訊的平台（行銷自動化工具或客戶關係管理系統），你可能需要購買附加的模組功能，或建立客製化項目，以保存每個階段的每月潛客數量統計。這是顯示長期下來漏斗指標的第一步，例如，可以繪製出每個階段每月的潛客靜態數量，以顯示隨時間變化的趨勢。另一個步驟是透過以下簡單的計算，來顯示根據不同時間的變化率：

$$\frac{\text{本月各階段的潛客數}-\text{上個月各階段的潛客數}}{\text{上個月各階段的潛客數}}$$

把得出的數字乘以 100，就可以知道各階段每月的變化率。這是顯示行銷和銷售情況的關鍵指標，但令人驚訝的是，如果沒有經過一些客製化調整，這個數據是不容易獲得的。將這些指標繪製成線圖，可以顯示出行銷／銷售長期下來表現變好或變差的趨勢，而不是只有靜態數據。

還有一個步驟：把這個變化率／月趨勢線，與各階段的轉換率結合起來，你會看到一個非常有趣的圖表，一目了然地顯示了每個階段在增加更多潛客時，可能會或可能不會影響轉換率的情況，這個部份一向是行銷人員應該設法透過提高效率、創造新內容、投入更多資源和時間等方式，來進行優化。

5. 你如何把數據視覺化，呈現給利益相關者？————

如何呈現數據，來傳達見解？這與你分享的實際數據，是同樣重要的。由於我們需要分享和獲取見解的數據集，其規模和複雜度通常十分龐大，因此數據視覺化幫助我們的行銷團隊快速獲取見解，並傳達分析的結果。

在我們的行銷團隊裡，資料視覺化幫助我們快速辨識

出趨勢和重點。例如，在自然搜尋中，我們可能每個月追蹤數百個關鍵字來進行排名。數據視覺化方法，例如Excel中設定格式化條件的熱度圖，可以快速突顯上升幅度最大的關鍵字，或下降幅度最大的關鍵字（見圖6-5）。

但是，對於我們的利益相關者而言，讓數據視覺化呈現的方式可能更為重要。在紐約大學2014年的研究中，研究人員透過圖表呈現的視覺數據，與以文字呈現的數據，研究兩者影響參與者觀點的情況。研究人員要求參與者對特定電玩遊戲的陳述，評比同意的程度，例如「暴力

B	C	D	E	F	G	H
關鍵詞	2020年2月	2020年1月	2019年12月	2019年11月	2019年10月	2019年9月
Keyword 1	25	27	27	1	3	3
Keyword 2	20	32	32	79	87	87
Keyword 3	30	26	26	52	91	91
Keyword 4	3	5	5	29	44	44
Keyword 5	12	14	14	28	50	50
Keyword 6	91	79	79	11	8	8
Keyword 7	1	6	6	6	18	18
Keyword 8	19	23	23	31	47	47
Keyword 9	21	13	13	16	24	24
Keyword 10	40	35	35	1	1	1
Keyword 11	80	86	86	1	1	1
Keyword 12	78	95	95	31	33	33
Keyword 13	12	46	46	48	51	51
Keyword 14	45	49	49	15	18	18
Keyword 15	19	31	31	30	39	39
Keyword 16	50	64	64	14	35	35

圖 6-5 微軟 Excel 中設定格式化條件的熱度圖範例

電玩不會助長青少年暴力」。然後給參與者看調查結果，這些結果顯示孩子說他們喜歡玩電玩的原因。有些參與者看到的是數據表格，而其他參與者則是看到以圖形所顯示的數據。

在看到新的數據後，參與者再次被要求對與之前相同的陳述，評比同意程度。有趣的是，儘管呈現給兩組人的是相同的實際數據，但透過圖表看到視覺化數據的人，在看到數據時，答案的變化明顯更大。

紐約大學的研究證明，在說服其他人接受特定觀點方面，數據視覺化是多麼的有說服力。身為行銷人員，我們必須認真思考向利益相關者呈現數據的最佳方式，以確保他們會同意和進行投資。

如今，有許多工具可以幫助我們把不同的系統整合在一起，並以具有明確意義的方式組合和視覺化數據。Google 報表製作工具 Data Studio、微軟 Power BI 和視覺化分析平台 Tableau 是可用的幾種數據視覺化平台。但是，即使你從原始平台提取數據後，數據仍可能需要調整，才能以有明確意義的方式整理和將其視覺化。例如，Google Analytics 提供維度（資料的屬性）和指標（量化測量）的功能，有時你可能想把維度和指標對調，或以不同的方式來呈現。

　　舉例來說，假設我要製作一個簡單的圓餅圖，以顯示過去一個月中到網站來的自然搜尋流量達到了多少目標，並按目標劃分。因為在 Google Analytics 中，來源／媒介和每個目標都是維度，因此你目前不能一昧地把這些數據匯入 Google Data Studio 中，然後把一個設為維度，另一個設為指標。

　　但是，與所有數據一樣，我們可以操縱、組合和篩選數據，然後把資訊上傳到我們的視覺化工具中，把維度和指標對調，來獲得想要的結果。圖 6-6 顯示了一個圓餅圖，

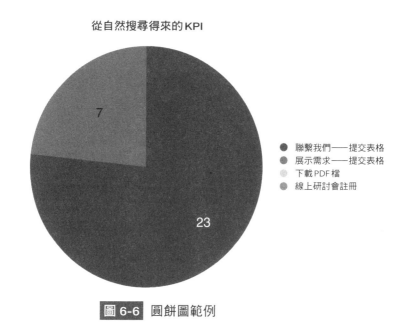

從自然搜尋得來的 KPI

- 聯繫我們──提交表格
- 展示需求──提交表格
- 下載 PDF 檔
- 線上研討會註冊

圖 6-6　圓餅圖範例

透過從 Google Analytics 中把 KPI 數據拉到 Google 試算表中，調換維度和指標，然後匯入到 Google Data Studio 中，以我們想要用的格式製作視覺化數據，這麼做是因為無法直接從 Google Analytics 中，以這種方式產生出數據。

　　花些時間處理數據視覺化，並選擇可以有效傳達資訊的圖表類型。從你要傳達的內容開始，然後再確定適合的圖表，如下表所示。

你要分享的數據	可能的圖表類型	
比較簡單的資料	柱狀圖 長條圖 圓餅圖	折線圖 散布圖 重點式圖表
組成情況	圓餅圖 堆疊長條圖 堆疊柱狀圖	面積圖 瀑布圖
分布情況	散布圖 馬賽克圖 折線圖	柱狀圖 長條圖
分析趨勢	折線圖 雙軸圖	柱狀圖
數據集之間的關係	散布圖 泡泡圖	折線圖
銷售漏斗的進展	漏斗	
達到目標的進度（例如營收）	重點式圖表	
地理區域之間的比較	地理地圖	
快速比較表格中的數據	熱度圖	

6. 為了實現此目標，你需要哪些額外的工具和（或）技術、開發人員資源？ ─────────────────

　　值得慶幸的是，當今許多工具都具有內建的整合功能，可以幫助行銷人員連接不同平台上的數據，例如，行銷自動化工具Marketo就與Salesforce客戶關係管理系統進行了整合。但在其他情況下，如果你的數據倉儲之間沒有整合功能，那麼就可能需要額外的工具或技術資源，來取得你所需的數據。

　　當初我們選了一個行銷自動化工具，裡面包含客戶關係管理的功能。但是，在使用該工具大約一年後，我們察覺到，由於這個行銷自動化工具對數據的整理和儲存方式，幾乎不可能滿足我們希望全部能有的使用方式，來提取我們所需的數據。但是，我們以前的客戶關係管理工具Salesforce確實有一個機制，讓我們可以適應和修改數據，以滿足我們的需求。即使Salesforce有一個包羅廣泛的整合平台，具有數千種整合選項，但是我們的行銷自動化工具與Salesforce之間並沒有現成的整合功能。

　　我們轉向了另一種叫Zapier的工具，來解決整合問題。Zapier是一個應用程式介面（API）的整合工具，即使對於那些不是非常懂得技術層面，或不了解複雜應用程式介面的人來說，Zapier使用起來也很簡單。它讓我們能

夠簡單地整合行銷自動化工具和 Salesforce 客戶關係管理系統，從而使我們能夠在 Salesforce 中，組織行銷和銷售數據，並幫助我們可以調整格式，得到想要的報表。

　　如果你找不到促成整合的工具，你可能還需要額外的開發人員資源。一般來說，大多數組織中的網路開發人員都是屬於 IT 部門的，而不是行銷團隊的。由於行銷團隊發現自己要與其他部門搶網路開發人員的時間，這可能會使行銷人員很難獲得技術開發的資源。

　　當我們選擇行銷科技平台時，應用程式介面會是非常重要的功能。即使該平台不能直接提供所有數據，也可能與你現有的行銷科技工具之間，沒有現成的整合功能，但如果該平台有應用程式介面，那麼你通常可以把數據拉到另一個平台上，進行分析和數據分享。例如，也許你有銷售團隊使用的定制化客戶關係管理系統。如果你的行銷自動化平台有應用程式介面，那麼就可以請網路開發人員把行銷自動化應用程式介面，連接到定制化客戶關係管理系統，把潛客資訊和相關數據，從行銷自動化工具傳送到客戶關係管理系統。

　　正如人們期望行銷長會與業務目標保持一致，並追蹤工作是否實現營收一樣，資訊長也面臨著類似的壓力。國際數據集團 2020 年的「資訊長狀況報告」（State of the

CIO）指稱，有67％的資訊長表示製作新的營收創造計畫是他們的工作職責之一。此外，有46％的資訊長表示，他們正在製作具有明確成本和效益的商業方案。了解資訊長和IT部門的優先事項，可以幫助行銷與IT交涉，讓我們的專案得以展開。

如果你因為IT部門的工作積壓，而被推延或耽誤，請確保你的網路開發資源需求具有令人信服的業務理由，並符合資訊長的需求。

馬上開始！

取得和整合不同行銷科技工具組合和其他業務數據資料庫，絕非易事。但是，了解你擁有的數據，以及從何處取得這些數據，對於行銷成功至關重要。

1. 知道你需要什麼數據

首先列出你需要的數據。你想回答哪些問題？你需要採取哪些測量指標，來確定行銷的成效？你需要哪些數據來回答這些問題？

2. 繪製和評估你當前的數據來源 ────────

　　一旦你知道所需的數據後，請確定該數據存放的位置。列出你的數據來源，及當中所包含的數據。你可能會發現你的數據存放在多個位置，使得蒐集和合併數據變得很麻煩。

3. 確定要取得行銷數據會有哪些漏洞，並加以處理 ──

　　在你的行銷科技地圖中，有哪些漏洞？有沒有簡單的解決方案，可以解決這些數據鴻溝？也許用額外的工具會是一個解方。評估你當前的缺漏，並確定哪些解決方案可能非常適合你現有的行銷科技企業基礎建設。當你評估在行銷科技工具組合中新增工具時，請想想：你必須如何取得數據？可以蒐集到什麼樣的數據？如何把新工具中的數據，整合到現有的工具中？以及新工具可能提供哪些報表功能？

第七章

步驟3：
實戰「數據分析」

水！水！到處都是水！——卻沒有一滴能喝！

——柯立芝（Samuel Taylor Coleridge）

《古舟子詠》（*The Rime of the Ancient Mariner*）

　　由於數位經濟的發展，我們的生活與數據密切相關。我們使用的每個行銷科技平台都會產生大量資訊，但是對於大多數人而言，我們僅將這些數據的一小部分做為報表或視覺化的運用。如果你不相信，看看你的行銷自動化資料庫。跑出一份報告，點選所有潛客的所有欄位，並誠實地問自己：除了準備下一次電子郵件行銷活動或行銷方案之外，你最後一次使用超過這一小部分的數據，是什麼時候的事情？

　　當我們使用行銷自動化工具之類的東西時，所看到的界面很重要；它可以幫助我們與大量數據進行互動，而這些數據就是我們在該工具中能夠做的所有事情的基礎。畢

竟，這就是自動化工具的設計目的，實現數位行銷的前景，即能夠接觸、經營和篩選的潛客，比我們以前或用人工作業的更多（百倍、千倍、萬倍、十萬倍之譜）。但是，這樣的界面也使我們人為地疏離了數據，因此，許多行銷人員僅依靠制式的報表，而從不深入研究，發展出對自己業務的獨特見解，因為這不是其他公司使用同樣的工具和同樣的報表所能發現的。

本章一開始引用的詩句，是指水手的身旁都是海水，卻一口也不能喝。如果你可以把數據看成是水，那麼本書將帶你踏上一段旅程，幫助你把數據從海水，轉變為可以實際飲用的水。

《財星》1,000大公司有能力聘請數據科學家，來進行市場數據分析，尤其是對於B2C公司而言，數據量接近、甚至達到大數據水準。數據科學家擁有專門的工具，利用程式設計的技能，來處理這種等級的分析。對於我們其他人來說，熟悉Excel和行銷科技平台，尤其是行銷自動化和客戶關係管理系統，通常就夠用了。

此外，還有Looker和Google Data Studio之類的數據視覺化工具，不需要數據科學家的幫助即可操作。根據你使用的工具和視覺化需求，可能需要一些設定方面的諮詢幫助，但是一旦定義好關鍵指標，並導入客製化的報表和

儀表板中，應該只有在你自己無法做到額外的要求時，才偶爾需要專業幫助。

　　本章的重點是，介紹數據至上的行銷人員應該能夠獨立完成的分析類型。首先必須開始做的，是克服數據分析時會有的偏誤，這種情況會發生在我們所有人身上，包括數據科學家在內，接著會討論行銷人員特別容易犯的數據謬論。最後，我們會提供一些實用的行銷數據分析例子，使用你熟悉的銷售和行銷漏斗，在潛客階段（例如MAL、MQL、SAL和SQL）經營潛客，以及提供蒐集見解方式的例子，以提高你的行銷績效和效率。

認知偏誤：《魔球》的另一個啟示

　　1999年，風險投資人約翰・亨利（John Henry）收購了佛羅里達州的馬林魚隊。亨利是比爾・詹姆斯的長期忠實讀者，遵循著賽伯計量學的方法，利用統計分析所揭露的市場低效率，在華爾街發了大財。他寫了一封信給體育節目電視網ESPN的羅伯・奈爾（Rob Neyer），在信中他提到華爾街的時機和棒球運動員市場之間的相似之處：

　　　這兩個領域的人都憑藉著信念和偏誤來行事。如果你

可以消除這兩種情況，並以數據來取代，就會獲得明顯的優勢……股票市場的實際數據比個人的觀念和信念更有意義，棒球界也是如此。（Lewis, 2003, p. 90）

亨利發揮自己的數據統計技巧，繼續玩著自己幻想中的職棒大聯盟遊戲，但是當他在現實中給球隊進行這種改變時，他卻失敗了，馬林魚隊也因此輸球。即使他本人相信賽伯計量學，他也無法打消旁人的觀念和信念，因為棒球界選擇球員的方式就是那樣，因為那是妥當、行之有效、一直以來的方法。

認知偏誤是人類長期下來逐漸形成的一種偏誤，目的其實是要幫助人類，但在數據分析時，偏誤也往往是需要克服的障礙：

認知偏誤是我們進化過程的結果，目的是讓我們在關鍵時刻和需要被保護的情況下，快速做出決策，應付人類大腦有限的資訊處理能力，來幫助我們求生。簡單來說，認知偏誤是我們會有所謂**直覺**的原因。這些偏誤通常會產生違背事實的非理性行為，並導致判斷時的系統誤差（systematic error）。（Bysani, 2019）

　　在上述《魔球》的例子中，亨利碰到的是「確認偏誤」（confirmation bias），這種認知偏誤的定義是「人類傾向於尋找、偏好和使用能確認自己對某個主題既有觀點的資訊」。使問題更加複雜的是從眾效應，或者「只是因為其他人都在做某件事，而不得不採取某種行為、風格或態度的傾向」。

　　球探們已經知道在新的人才中要尋找什麼特質，就是他們一直以來都會找的球員類型，因為大家都這樣做。即使眼前已有數據證明，「以往物色球員的基本方式與實際勝利之間的相關性是不對的」，棒球管理階層也不會相信。在寫了多年的《棒球摘要》之後，比爾・詹姆斯放棄了試圖說服棒球界的內部人士，他們是不會採納他的建議的。原本的《棒球摘要》最後一本在 1988 年出版，直到十幾年後，有一支大聯盟球隊把他寫的東西付諸實踐，就如同《魔球》一書所示。

消除認知偏誤的例子：依靠數據

　　美國聯邦政府資訊產品展（FOSE）是聯邦政府歷史最悠久、規模最大的 IT 會議之一，它在 2014 年的表現十分亮眼：註冊人數增長了 40％，更重要的是，最高階主

管註冊人數增加了25%。然而一年後，在舉辦三十七年之後，這個展覽的母公司1105 Media宣布停辦美國聯邦政府資訊產品展。

我們可能不知道母公司停止這個展覽的所有原因，像是管理上的變更、新的優先事項、新的活動，但是很多人都說：「停辦早就其來有自了。」

多年來，FOSE展覽的名聲一直很差。大家說，真正的政府IT決策者沒有參加這個展覽，而是派助手來參展，而助手就利用出公差的時間來逛展覽，索取供應商分送的免費「小玩意」。事實上，一些參展的廠商會分送印有品牌名稱的塑膠購物袋，剛好證明了這種說法。

FOSE是軟體公司ScienceLogic參加的第一場貿易展覽會。那是一場在本地舉辦、費用相對便宜的展覽，而且是聯邦政府最大的IT展覽，對我們成立不久的新公司而言，這是重要的市場。

由於耳聞到這個展覽的情況，我們在展覽前先做好準備，鎖定決策者，發出邀請，請他們造訪我們的攤位，並領取黏土動畫片《酷狗寶貝》(*Wallace and Gromit*) 最新的影片光碟。我們沒有不理會那些耳聞，而是借力使力——人們去參加會議，並把東西帶回家給小孩；我們只是想給實際的買家增加更多的誘因。我們還把其他所有

人，或是說「逛街者」視為未來銷售的潛在意見領袖，因此我們投資了一些印有公司名稱，但價格便宜的小玩意，這些東西是我們非常樂意分送出去的。

這種邀請制的宣傳替我們的攤位帶來了意想不到的人潮，其中包括財政部的資訊長。在我們參加 FOSE 展覽短短幾年之後，參展的投資報酬率達到了 40,000％。在這種情況下，我們讓「確認偏誤」和「從眾效應」替我們效力。如果我們聽信他人說法，我們將永遠不會參與這場展覽。當我們退一步思考，在眾人皆知難做的市場中，實際地去考慮這背後的機會，不僅可以接觸到意見領袖，而且可以接觸到買家，我們認為參加 FOSE 展覽是值得的，而且數字證明我們是對的。

克服偏誤和信念

從數據中獲得的行銷情報不是憑空發生的，世界上可沒有什麼神奇的黑箱子，讓你把所有數據都倒進去，然後，像變魔術一樣似的，你就因此得到見解，可以洞悉出新產品、洞悉出更好的行銷活動和更多的目標市場。好消息是，即使你有預算聘請數據科學家，我們身為行銷人員在以下方面的經驗也是非常重要的：

1. 提出正確的問題。

2. 定義有助於回答問題的因素（和數據）。

3. 以有意義且可行的方式，解釋結果。

不好的消息是，每當你把一個人（也包括你）帶入分析時，你都必須處理亨利在寫給ESPN那封信中所提到的「偏誤和信念」。這不是在論斷，這對所有人類都適用。我們的所做所為和思考方式是由我們的經驗、信念和偏誤所塑造而成的。

有些人是覺得杯子是半滿的，而有些人則認為杯子是半空的。要克服我們的偏誤，轉而依靠「客觀的」實際數據，是非常困難的，特別是因為我們選擇分析的數據也可能「有偏誤」。

有時候，當我們害怕新的事物時，會依賴已知的事物，而對於大多數行銷人員來說，那是不去分析數據。正如我們所說的，這個轉變很不容易。如果很容易做到，大家都會這樣做，那麼就不會成為你的競爭優勢了。

對於接受數據至上挑戰的行銷人員，讓我們來探討一些比較普遍的認知偏誤和數據謬誤，在分析數據時，你應該盡量克服，並避免這些問題。

■ 錯誤信念：形式重於功能，或「看看我的網站有多美」

打開蘋果公司新產品的包裝盒，總是讓人很開心。包裝很完美；從最基本的說明書，到設備本身，再到電源線、變壓器和任何其他周邊設備，始終按正確的順序擺放。即使沒有如何開箱的說明，用戶使用上也似乎很直覺。這是有道理的。這是「形式按照功能」的一個例子。

另一方面，我們有一些引人注目的網站故事，值得警惕，其中形式似乎壓過功能。老實說，我們都同意，在網站方面，功能是被優先考慮的——使訪客成為顧客，是電子商務網站的第一目標。那麼，為什麼有些網站沒有實現這個目標，有的還錯得離譜呢？

案例 1：運動用品連鎖店「終點線」花大錢重新設計網站

在 2012 年，零售商「終點線」（Finish Line）決定重新設計他們的網站（見圖 7-1），要不是他們在過程中犯了幾次錯誤，原本這是一個好點子。參與重新設計的一位人士認為，這個新網站應被提名為「史上改進最多的網站」，並稱讚新設計「很漂亮」。現在首頁上顯示的不是運動鞋和一些服裝和飾品配件，而是顯示了一名二十多歲迷人男

圖 7-1 重新設計之前的「終點線」首頁

圖片來源：終點線公司

子的臉部放大照片（見圖7-2）。如果你來看新的網站首
頁，你會不知道這個網站的實際作用，其實是要賣運動鞋
的。

　　更糟糕的是，「終點線」在節慶購物季開始的前幾天，
推出了這個新網站。在新網站啟用後的十七天裡，「終點
線」損失了300萬美元的營收，分析師把該公司的股票評
級從買進，下調為持有，並調降了股票的目標價，包括數
位長在內的高階主管也因此引咎下台。到了十二月，他們
恢復了原來的網站和平台。「終點線」的執行長和總經理
事後總結認為，網站上的流量實際上是上升的，但是錯誤

的網站設計和功能導致整體客戶體驗出現了問題，進而降低了轉換率。

　　在一年中最大的購物季節來臨之前，推出新的電子商務平台絕對不是一個好主意，但更重要的是，這個網站的重新設計說明了行銷人員特別容易掉進的陷阱——我們的行銷基因會想讓東西看起來美美的；我們被教導要隨時遵守主流的設計美學，這通常是根據廣告業的中心麥迪遜大街來定義的。但是，形式重於功能向來就是錯的，而且是我們會犯的錯誤，因為有時我們會把真正重要的東西給忘了。重要的並不是要做出讓你可以自豪地去申請「行銷／

廣告獎」的東西，重要的是要實現公司的目標。如果公司的目標是賣出更多的運動鞋，那麼形式和功能就需要支持這一點，而數據將幫助我們達成。不要害怕數據，也不要為了讓網站「美美的」就忽略數據。以「終點線」網站為例，數據讓他們看到：轉換率降低可能帶來的營收損失，這使他們迅速採取行動，守住了剩下節慶檔期的營收。

案例2：馬莎百貨的新網站導致銷售額下滑

　　終點線公司的故事很慘，但以下這個故事可能還更慘。2014年2月，在經過近兩年的時間和花費1.5億英鎊（2.4億美元）之後，馬莎百貨（Marks & Spencer）推出了一個新的網站和電子商務平台。在頭十三週中，該公司的線上銷售額下滑了8％。至少他們沒有犯「終點線」那樣的錯誤，在重大節日購物旺季前推出新網站，所以還有時間糾正問題。

　　重新設計的重要部分，是為網站帶來了更多的影片和雜誌風格的內容。這樣做並沒有錯，但再次強調，最重要並不是用內容吸引瀏覽者，使網站「美美的」，而應著重於「實際把瀏覽者轉變為顧客」，尤其是消除所有達成這個目標的障礙。對於所有的電子商務網站，從業務和行銷的角度來看，轉換成顧客必須是首要目標。據報導，馬莎

百貨新網站的表現恰好相反：人們在註冊時遇到了問題，網站當機、顧客覺得很難瀏覽，找不到想要的東西。

不久，該公司對網站平台進行了更改，到了2015年第一季，線上銷售額回升了38.7％。儘管發生了這些混亂，損失了營收，但新網站的主要設計師仍稱新網站啟用成功，「將馬莎百貨重新定位為引領潮流的時尚購物之處，以穿搭的點子和精心策劃的編輯內容，激發顧客的靈感。」顯然，他沒有在看數字。

▉ 可得性偏誤：查看所有數據

當行銷人員開始自己做更多的分析時，還有另一種偏誤是非常重要的。「可得性偏誤」（availability bias）讓我們用最快速想到的東西來做判斷，就數據而言，這個偏誤就是我們可以立即想到的指標。以下有兩個注意事項供行銷人員參考：

- 第一，選擇正確的數據，來建立你的例證／回答你的問題是非常重要的，而且數據歷經時日可能會有所變化。有時這樣做可能很簡單直接（可惜事與願違，這種情況不常見），例如，你需要的所有數據都在客戶關係管理

系統中，只要點選適當的篩選條件，製作制式的報表，即可處理。例如：去年行銷帶來的潛客所產生的總營收報表。當然，這意味著所有潛客數據必須全部正確標注潛客的原始來源，且這個原始來源必須是「行銷」來源（可能需要自訂的欄位來指定），然後這些潛客都要與正確的生意機會產生關聯。根據你的行銷科技工具組合和數據設定，你需要做的事情，若要完整地解釋起來，可能還要更複雜，但是如果指標和銷售／行銷流程都備妥，確保你會獲得所需的數據，這是絕對可以做到的。但是，在大多數時候，這並沒有那麼簡單，例如，如果你需要的一些數據位於不同的資料庫中，或者你無法取得其他來源的數據，或者你需要自訂的報表，因為工具制式的報表是籠統通用的，但你公司的情況卻比較特殊。

- 第二，如果你甚至不知道有其他的資料來源，因為不是「行銷的」資料庫，而是IT或財務部門建立的資料庫，該怎麼辦？當你設定你需要哪些數據來回答問題時，重要的是退一步思考，想一下你的「理想」數據集是什麼，而不是侷限於現有的數據。一旦你知道了，如果可能的話，就可以做該做的事情來取得數據，或者如上所述，建立流程，來產生你真正需要的數據。如此一來，再加上不斷地質疑自己是否擁有正確的數據，就能使你擺脫

可得性偏誤。

▌要避免的數據謬誤

數據謬誤是人們在分析數據時，遇到的常見陷阱。為了便於在這邊討論，我們選擇了兩種行銷人員特別容易陷入的數據謬論。

謬誤 1：擇優挑選

在「邏輯謬誤」（Logically Fallacious）網站上，把「擇優挑選」定義為「忽略造成不便的數據、壓制證據、證據不全的謬誤、選擇性觀察的論證、半真半假的論證、洗牌法、排除謬誤、忽略反證、單方面評估、偏頗、片面」等。換句話說，不要這犯這樣的錯。基本上，當你只選擇數據，來支持你想要的結果時（可能是你想說的話，或是你希望別人對你有何看法），而故意忽略其餘部分的時候，就會發生這種情況。

每個人都想秀出好的一面。到了替董事會上做報告時，「選擇讓行銷部門看起來做得很好的指標」，這是一種危險的誘惑。讓我們回頭談網站的流量指標，如果「終點線」只是給主管看這個指標，那麼重新設計網站會使行銷

部門看起來很風光，乍看之下罷了。實際上，流量是增加了，但轉換卻減少了，最終，營收比原先的應有的營收少了幾百萬美元。如果他們從來不看轉換數字，他們就不會知道問題有多嚴重。擇優挑選是一種目光短淺的策略，是會被發現的。

謬誤2：錯誤的因果關係，或相關性不代表因果關係

在網站「謬誤的相關性」（Spurious Correlations）上有一個非常有趣的圖表，清楚地顯示了「假相關」。圖7-3是其中我們最喜歡的，這個例子告訴我們，如果能讓尼可拉斯・凱吉（Nicolas Cage）不再演戲，就不會有人因掉進游泳池而淹死！

因此，如果我們只要能阻止尼可拉斯・凱吉演戲，就不會有人因掉進游泳池而淹死（見圖7-3）！顯然，這是誇大了真實情況，但這個說法是有道理的，僅僅因為兩起事件同時發生，並不意味著一起事件引起了另一起事件。

認為數據分析是「客觀的」，這是不合理的想法，還必須根據實際情況來理解數據，例如身為行銷人員，我們應該已經知道最能影響電子郵件成效的因素。畢竟，我們在設計電子郵件活動時，就要考慮到包括：對象、內容、星期幾、一天的什麼時間、頻率、目標客群的名單、優惠

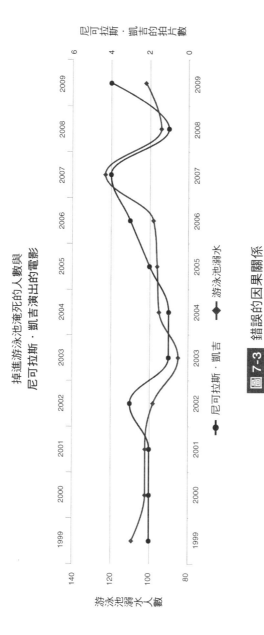

掉進游泳池淹死的人數與
尼可拉斯·凱吉演出的電影

圖 7-3 錯誤的因果關係

資料來源：泰勒·維根（Tyler Vigen）製作的圖表，這是他「謬誤的相關性」（Spurious Correlations）研究中的其中一例。
（網址：http://www.tylervigen.com/spurious-correlations）

等因素。因此需要注意的是，使用這些因素分析多個行銷活動的績效時，要看當中的關聯是否合理，並附加注意事項，例如要確定選擇了正確的因素，並有足夠的數據，來得出結論。

　　行銷分析做得好的話，不會僅有單一的結論，而是會得到一系列的結論。在這種情況下，科學方法絕對適用。以下是一個把科學方法應用於電子郵件活動的例子（見圖7-4），然後從成效指標中收集見解，並再次進行「實驗」，希望能獲得更好的結果。如果不能獲得更好的結果，那麼也只不過是下一次行銷活動還要分析更多的數據。

科學方法步驟	電子郵件活動：成效「實驗」
觀測的情形／問題	最近一次線上研討會的電子郵件邀請是按交錯的時間發送的。目標對象都是屬於單一目標客群，但是研討會的註冊人數卻每天都不同。
假設	週二／週四發送的電子郵件比周一／週五發送的電子郵件成效更好。
實驗	下一場線上研討會的電子郵件邀請，按照相同且交錯的時間發送。
數據分析	我們在註冊者當中看出有模式可循嗎？
結論	對於線上研討會的註冊情況，我們確實發現，導入網頁的點擊率更高，但是並不清楚實際註冊是否會因為是星期幾而有變化，我們需要做更多的測試。
然後重複……	

圖 7-4 以科學方法應用於電子郵件活動的範例

分析不同類型的行銷數據

　　你可以透過各種方式定義行銷所使用的數據，像是內部與外部數據、根據點擊的數據、根據社群媒體的數據等等，但是在本書中，我們單看兩類數據：顧客數據和行銷營運數據。

1. 顧客數據

　　顧客數據通常是可以在你的行銷自動化工具、客戶關係管理軟體和（或）例如 Google Analytics 這類網站追蹤工具中找到的資訊。除了根據行為的數據外，這當中還包括人口結構資訊，例如造訪的內容、造訪的頁面，甚至購買的產品等。理想的情況是，你可以追蹤每位潛客的每一次行銷接觸，從他們第一次造訪你的網站，或出現在你的資料庫中，一直到成功交易為止的所有舉動。對於數位行銷活動而言，需要做一些工作來追蹤這些接觸，並與個別潛客連結起來，但是對於許多線下行銷活動，例如活動或電話推銷，你可能需要進行手動調整。

　　這些個別的買家旅程可以匯總分析，以獲取見解，幫助創造買家的人物誌，例如是中小企業的行銷總監或副總裁，進而幫助行銷部門建立廣告、內容、活動等目標對

象。對於B2B企業而言,「顧客」是企業,而非個人,行銷人員可以透過把個人歸入到其企業中,來挖掘顧客數據,獲取更多情報,例如把採購者與影響者區分開來,以及把購買角色與頭銜或職位,進行關聯分析。

有很多方法可以切分此類資訊,但是你應該始終注意的篩選條件,是根據營收的數據來分類。根據潛客來源、行業、購買時間、轉換前的接觸次數等面向,來觀察營收或購買情況。也許同樣重要的是,觀察相反的情況,像是沒有進行結帳的購物車或失去成交的機會,並試圖挖掘出當中的模式或共通的特性,特別是在行銷可以改善自己的活動,或幫助銷售完成交易的領域。

2. 行銷營運數據

行銷營運數據是行銷蒐集有關活動或方案成效的資訊。理想的情況是,橫跨所有使用的管道和行銷科技工具或平台,可以來蒐集和(或)取得這些資訊,從而使用來自多個來源的數據,創造統一的檢視圖。

當涉及到點擊的數據(例如造訪的內容)時,行銷營運數據可能與顧客數據重疊,但是分析行銷營運數據的目的,不是建立觀察買家的檢視圖,而是透過辨識出效果好的行銷活動的關鍵因素,消除效果不佳的行銷活動,來提

高行銷效率；並減少銷售和行銷漏斗各階段之間的摩擦，
最終提高銷售／營收。

▊ 數據分析案例：行銷成效和效率

　　我們仔細研究一下 B2B 公司使用的行銷和銷售漏斗，
說明透過分析行銷營運數據，來提高行銷績效和效率。

- **行銷接受潛在客戶（MAL）**：首先進入潛客經營過程的
  不合格潛客。
- **行銷核可潛在客戶（MQL）**：行銷接受潛在客戶在達到
  預定的網站／資產／電子郵件的互動／參與度門檻，表
  示他們「感興趣」。
- **銷售接受潛在客戶（SAL）**：從由行銷來處理的潛客，
  「轉移」到由銷售來處理，以獲得進一步的資格核可。
- **銷售核可潛在客戶（SQL）**：透過預算、潛在營收、購
  買時間等，來定義銷售機會。
- **成交的顧客**：成交的生意機會。

　　通常，數據以時間快照的形式顯示，例如每天、每週、
每月；目標通常也是以這種方式設定的。**我們的目標是本**

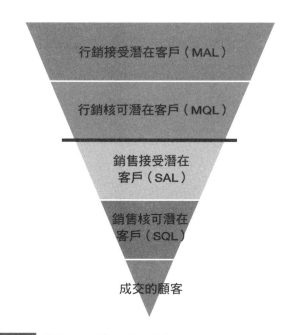

圖 **7-5** 銷售和行銷漏斗樣本與定義過的潛客經營階段

月有100名新的行銷核可潛在客戶。我希望從這個行銷活動中產生500名潛客。數量統計是簡單明確的指標,但是像所有數據一樣,它都需要放在情境中理解,而其中一種情境是對照原本的表現來衡量,以顯示趨勢。**我這個月做得比上個月好嗎?總體來說,在過去一年中,我在提高優質潛客方面做得更好嗎?**

對於銷售和行銷漏斗方面,行銷人員通常會查看他們每個月的數字,以了解我們需要把多少潛客(行銷接受潛

在客戶）倒入漏斗頂部，才能實現漏斗底部的營收目標。
估計這個數字，要根據你對漏斗從一個階段，到下一階段
的轉換率的理解。

　　尤其是衡量轉換率，可以讓行銷部門以自己做為基
準，這是一個指標，用趨勢線顯示時，可以對行銷管理階
層和最高層主管說明每月行銷效率改善的情況。讓我們示
範一些漏斗圖的例子。所有這些圖表都是從Excel試算表
產生的。這些只是用一年內漏斗指標的單一數據集，開始
進行分析的幾種方法。

經營潛客：潛客的數量

　　圖 7-6 顯示了銷售和行銷漏斗，也就是經營潛客過程
中，每個定義階段的潛客數量。用一張圖我們可以看到潛
客的數量，但更重要的是，我們可以開始看到趨勢，例如
可看出季節性的變化。把新的潛客添加到漏斗中，並在這
方面下工夫，看起來夏季是潛客加到漏斗相對較慢的時
間；而我們看到秋季，尤其是接近節慶檔期，潛客數量有
很大的成長。在這種情況下，數據與敘述相符，因為我們
知道，節慶檔期和年末是銷售的關鍵時期，因此業務和行
銷工作也相應增加力度。也許我們看到的另一點是，例如
在二月，一些大型貿易展總是有利於MAL的快速成長。

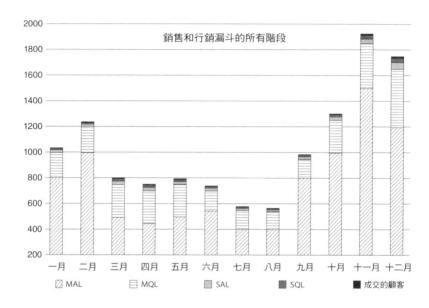

圖 7-6 堆疊圖：隨時間變化按階段劃分潛客的數量

　　像這樣的堆疊圖還能快速顯示另一件事：當月每個階段添加的潛客數量差異，以及整體上這種差異長期下來的變化。漏斗的最開始是 MAL，但這些都是不合格的潛客。重點反而應該是當我們有了這些潛客後，我們的表現如何；相對來說，或許這也反映了我們在鎖定 MAL 的表現好壞，才會帶來這樣的名單。儘管從三月開始，新的 MAL 成長放緩，但實際上我們在核可這些潛客，並將他們轉移到銷售部門方面以便做得更好，看來銷售部門在核可這些潛客方面也做得更好，這表示潛客的品質很高。我

們在年底看到了同樣的成長情況，而且這種成長速度會明顯看出，我們在MQL成長前和成長期間所做的工作，可能是因為當時有特定的行銷活動。

　　現在來看一下這些數據的兩種不同觀察方法。就像行銷一樣，需要做一些實驗，才能找到適合我們要做的事情，或者在這種情況下，找到我們最想有效呈現的東西。

轉換率和百分比變化

　　圖7-7並不是用堆疊圖顯示每個潛客階段的數量和趨勢，而是著重在可以從同一數據集中顯示的兩個重要趨勢，並在SQL之後再增加「顧客」的階段，這就是我們要觀察的重點（見圖7-7）。**轉換率**表示潛客從一個階段，移至下一個階段（例如，MQL到SQL的轉換率，通常定義為從行銷交接到銷售部門）。**我們在漏斗中移動潛客的速度有多快？**計算公式如下：

$$\frac{當月每個階段的潛客 - 上個月每個階段的潛客}{上個月每個階段的潛客}$$

　　此處顯示的第二個指標是每個階段的百分比變化，因此這是上一個圖表的趨勢線，但是以百分比的形式來顯示，以便更容易地與轉換率進行比較，這樣我們就可以看

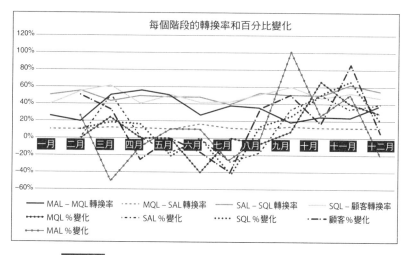

每個階段的轉換率和百分比變化

圖 **7-7** 折線圖：轉換率和每個階段的百分比變化

到其中是否有任何的相關性，或要進行更多調查的部分。
我們在上面的圖表中顯示了所有的階段，但可以隨意進行
細分，以便方便視覺上的觀察。我們可以在這裡觀察到很
多情況，但是與所有數據一樣，不斷嘗試去證明和反駁因
果關係，總會是個好主意。以下是其中可觀察到的情形：

• 儘管在任何階段，彼此之間新增的潛客數量會有較大的
  差異，但是最後從 SQL 成為顧客的比率仍保持在 50％
  左右的穩定水準。

• 實際上，除第一個 MAL 到 MQL 的轉換率外，所有轉換
  率都看起來相對平穩。這可能是因為透過各種來源，難

免會帶來不同數量的「垃圾」潛客；畢竟，這些都是不合格的潛客，但也可能是我們要仔細研究的地方，因為這可能意味著，在鎖定目標客群方面，我們在某些活動中做得比其他活動更好。

• 三月時MAL百分比大幅度下降，和我們在九月推出行銷活動之後，MAL百分比就隨即大幅上升，但是若與前一年同期相比，可能會特別耐人尋味。去年我們是否進行了相同的活動／行銷，是否出現了同樣的下降和上升，或者是否有其他我們不知道的影響因素？

現在，讓我們以長條圖的形式，觀察相同的指標（見圖 7-8）。

透過這種方式視覺化資訊，使我們可以更輕鬆地看到高點和低點，尤其是每次變化率下滑時；還能以更有條理的方式，一目了然地顯示所有內容。你可以把這種圖表用來彙總檢視資料，但把折線圖用於數據的篩選，例如，專注於漏斗的某些部分，可以更清楚地觀察趨勢。

當我們把SAL／SQL／顧客轉換率和百分比變化率（見圖 7-9）獨立拉出來時，我們可以更容易地看到其中可能的相關性，例如：

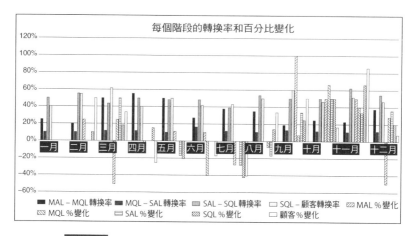

圖 7-8 長條圖：轉換率和每個階段的百分比變化

- 轉換率在一年中保持相當穩定，但是當我們更仔細地觀察時，可以看到，在加快增加 SAL 和 SQL 的同時，就會出現高峰，除了五月和年底之外。還有什麼原因可能會造成這種情況？成交的時間可能是另一個因素嗎？
- 年末的趨勢線似乎與年初看到的模式不同。這是節慶檔期特有的現象嗎？我們能否找出可能造成這種情況的任何銷售或行銷活動／舉動嗎？

　　最後，讓我們來看營收的部分。

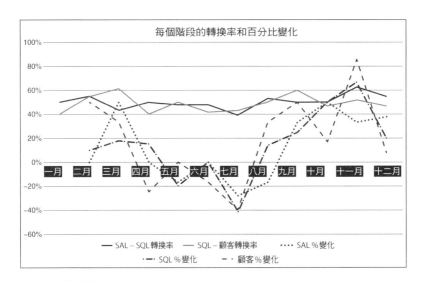

圖 7-9 SAL ／ SQL 和 SQL ／顧客轉換率及百分比變化

來自行銷的管道與營收

　　圖 7-10 顯示了來自行銷的潛客中，增加到管道的營收、獲得的營收和損失的營收。這裡以堆疊圖顯示，這樣你也可以一目了然地看到每個月的整體營收攤配，例如：

* 最大的營收攤配是在年底的節慶檔期，也許還會延續到隔年一月，這點不令人訝異，但是六月時發生了什麼事呢？損失的營收遠遠超過增加的管道和獲得的營收，但這是偶然嗎？80,000 美元的營收損失是什麼事造成的？是因為一筆大的交易損失，還是各有幾筆交易損失的關

係？有我們需要更加注意的事情嗎？

- 這張圖一目了然地顯示各個營收類別的相對金額：九月到十二月顯示出的成長趨勢很棒。在這幾個月中，不僅營收損失相對較少，而且增加到管道的營收、獲得的營收和營收攤配都呈現上升的趨勢。

從圖 7-6 開始，我們只顯示了五張圖，而這只是根據漏斗數據進行的分析，還有更多的組合可供比較，特別是在營收方面。試著把你的數據按管道、潛在客戶來源、內容資產等條件，進行切分比較。如果你把數據累積和整合

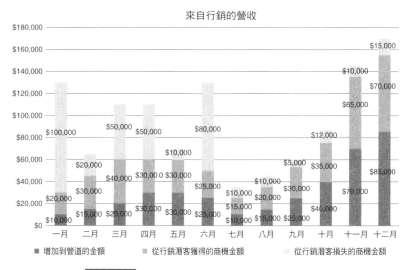

圖 7-10 堆疊圖：歸因於行銷來源的營收

設定正確，應該能夠做到所有這些操作。希望你玩得開心，要相信自己有適當的經驗，在要得到答案時，能提出正確的問題，並對其進行實驗。

馬上開始！

不要害怕開始分析你所擁有的數據。雖然你之前沒有做過，並不意味著你不會做。身為行銷人員，必須了解行銷活動的內容、方式和原因，所以你是理想的人選，可以從行銷活動產生的數據中，洞察到關鍵。而且你做得愈多，愈會得心應手。

1. 行銷指標要保持一致，不應該因報表期間的不同，而有所變化

如果長期下來，你沒有持續地實際測量，怎麼知道自己長期下來是做得更好，還是更壞？如果你認為一個指標對業務和（或）行銷團隊很重要，那麼就需要顯示該指標。

2. 實驗不同的圖形／視覺化風格

一張圖勝過千言萬語，例如光是從折線圖更改為長條圖，就可能會出現你可能不曾看過的見解。

3. 繼續嘗試

繼續問問題,並記住一直要問為什麼。第一個答案就是:記住一直要問為什麼。考慮其他因素,不要害怕用其他方式問來同一個問題。

4. 始終牢記最終目標

無論是顯示行銷對業務的價值(來自行銷的營收),還是觀察行銷營運數據,來找出需要改進的關鍵領域(漏斗轉換率與漏斗百分比變化率),請始終專注於最終目標。

第八章
步驟4：建立「數據至上行銷」的活動框架

「數據至上的行銷活動框架」著重在持續改進，以幫助行銷組織實現總體業務目標。要想真正做到持續地改進，就必須把行銷活動視為周期性活動，由行銷團隊設計、執行和分析行銷活動，以了解可以改進的地方。

行銷活動是行銷執行的核心，通常也是外部目標對象對行銷工作的評價。策略和計畫是我們行銷工作的基礎，而其他人則從我們創造的內容和活動中，看到了我們努力的成果。但是身為行銷人員，我們知道，我們設計的內容和執行的行銷活動，是為了實現業務行銷目標，才產生了策略和計畫。

但是很多時候，執行行銷活動並不能促進實現整體的業務目標。如今，行銷人員有這麼多的機會可以運用，像是新平台、新平台功能、新廣告投放選項和新的創意執行

方式，而且每天都有新的機會出現。如果沒有可靠的業務
行銷策略和行銷計畫，行銷人員如何才能真正知道，哪些
行銷機會是實現業務和行銷目標的最佳選擇？

圖 8-1 數據至上的行銷活動框架

　　在本章我們將回顧數據至上行銷活動框架的九個部
分。該框架旨在含括持續在改進中的模型，同時始終注意
整體業務目標，以及始終注意使用數據的重要性，這樣做
的目的，在於用可量化的績效和價值，來制定更好的行銷
活動。如圖8-1所示，行銷活動框架分為3個主要階段：
設計、執行和分析，每個階段都包含這3個步驟。

設計階段

　　林肯總統說：「若給我六個小時砍下一棵樹，我會用

前四個小時來磨利斧頭。」因此，有效的執行全靠周密的準備。在這種情況下，我們的準備工作包括蒐集資訊、創造內容資產，以及確定行銷活動的適當管道。儘管對行銷人員而言，準備工作並不一定那麼有趣或吸引人，但這確實可以為整個行銷工作的成功，奠定基礎。

「數據至上的行銷活動框架」正是從設計階段的準備工作開始。為行銷活動奠定基礎，需要 3 個步驟：

Step1 建立買家人物誌

Step2 設計內容資產

Step3 選擇配銷和傳播管道

首先，我們必須了解我們要推銷的對象。正如《打破成規》（*Break the Wheel*）一書的作者傑・阿昆佐（Jay Acunzo）所說：「你絕對不會餵獅子吃沙拉。」換句話說，我們必須了解我們的目標對象，而獅子真的不喜歡吃沙拉。如果我們想獲得新顧客，就要了解我們的顧客是誰：他們有哪些相同的人口結構資料、痛點是什麼，以及他們在尋找什麼樣的東西，這些會有幫助的。從這個基礎步驟開始，我們匯集重要數據，來告訴我們：潛在消費者想從

我們的業務中了解什麼東西，以及我們可以使用哪些管道
與他們溝通。

1. 建立買家人物誌

　　成功的數據至上行銷活動，第一步是了解目標對象。
建立符合目標對象的「買家人物誌」，可以節省時間和金
錢，並使你更接近最終目標、更快創造營收。彼得・杜拉
克（Peter Drucker）表示，「行銷的目的就是要對顧客有
徹底的了解及認識，使產品與服務能完全符合顧客的需
求，進而讓推銷變得多此一舉。」

　　徹底了解買家和買家旅程，對於計畫和執行行銷活動
極為重要。買家對哪種類型的內容反應最為強烈？哪些平
台最適合接觸到我們的目標對象？這些行銷活動應發生
在何時、何地，以及進行多久的時間？買家人物誌有助於
塑造和定義整個行銷活動中使用的內容、管道和方法，以
接觸潛在消費者，並將潛在消費者轉換為潛客或達成交
易。

　　但是，買家人物誌不能光由行銷團隊憑空創造，應該
納入其他與顧客合作的關鍵利益相關者。買家人物誌研究
機構的創辦人和《買家的人物誌》（Buyer Personas）一書
的作者愛黛兒・雷維拉（Adele Revella）提出重要的一點，

行銷要與銷售團隊共同了解這些關鍵的人物誌：

　　當行銷人員逐漸熟悉涉及購買決策中的每個人，以及他們採取的步驟和評估的因素時，他們可以幫助銷售人員預測不可避免的障礙，並準備好銷售所需要的工具和說法，來幫助推動購買的決策。不過，還有另一個結果也同樣重要。當行銷和銷售對於獲得更多業務所需做的工作，有了相同的理解時，這兩個組織之間的鴻溝就會縮小，他們自然會變成更有凝聚力和更有效率的團隊。（Revella, 2015）

　　對於雷維拉建立買家人物誌的方法，關鍵是與銷售團隊就買家人物誌的定義達成一致。儘管行銷人員對潛在消費者的身分有一定的了解，但在許多情況下，行銷人員對於實際買家是誰，以及導致他們購買的原因，可能只掌握了部分數據。除了銷售團隊之外，通常還有客戶服務團隊，也可以提供寶貴的見解，而這些因素都應該納入買家人物誌的建立過程中。

　　身為行銷人員，你是否曾經把很多潛客名單交給銷售團隊，不料他們卻回覆說這些名單差強人意呢？這對許多行銷人員來說是常見的情況。與銷售團隊建立買家人物

誌，除了可做為行銷人員的行銷活動指南外，還有助於在主要利益相關者之間，建立標準的定義和理解。在買家的旅程中，誰來定義潛客符合「銷售核可」的條件？銷售團隊是否真的在幫忙定義他們的資格要求？他們應該要幫忙的，因為這些資格要求通常牽涉到特定的人口結構或行為。但是，如果行銷團隊沒有完整的銷售數據檢視圖，那麼行銷團隊如何能夠靠自己，妥當地定義潛客要達到哪些條件，來成為最佳銷售的潛在消費者，並成為銷售核可潛在客戶呢？

根據LinkedIn的「2018年銷售狀況」報告，雖然44％的行銷和銷售專業人員的合作比過去幾年更加緊密，但只有20％的銷售專業人員表示，銷售和行銷的目標潛客有明顯重疊。這兩個團隊之間的不一致導致了潛客名單的品質差異，因為銷售人員對品質的定義，可能不符合行銷團隊的品質定義。在LinkedIn的研究中，只有22％的人認為，行銷給的潛客名單非常之好；只有42％的人認為潛客名單品質還不錯。

所謂的「銷售與行銷達成協議」，這是行銷和銷售團隊之間精心策劃的方法，有利於銷售。有研究顯示：行銷和銷售團隊之間的協調努力，不僅使行銷團隊受益，還能使銷售團隊受益，後者可以透過財務上的獎勵，來達成銷

售目標。近年來，行銷與銷售緊密合作的趨勢確實在增長，有57％的頂尖銷售人員（業績超出銷售目標至少25％）認為，與行銷團隊合作的重要性，在滿分10分的評比中，得分為8或更高。

2. 設計內容資產

　　儘管內容行銷是一個不斷發展的領域，但行銷人員必須研究「為什麼要設計內容」，這點極為重要。創作內容通常是組織中最困難的任務之一，需要專業知識和投入資源。根據Ascend2在2017年進行的「內容行銷和配銷」研究，只有18％的組織完全在公司內部滿足其內容行銷的需求。要想滿足內容需求，取得內部資源及這些資源的專業知識，通常就是個挑戰。因此，無論是使用稀少的內部資源，還是花錢委外的內容創作服務，都必須盡可能準確地進行內容組合、計畫和執行。

　　一旦了解了目標對象，並使用買家人物誌，鎖定目標客群，就可以開始創造能吸引和讓他們參與的內容。首先，請考慮在買家購買過程中，會有什麼問題被提出來，這些問題可以一路提供資訊給你。在這裡，銷售也應該參與行銷的內容計畫工作。銷售需要的內容，要與買家旅程相對應，才能幫助回答問題，並減少摩擦。但是，銷售和

行銷團隊分別設計的內容常常顯得不一致，並且影響顧客的品牌觀感。在LinkedIn 2018年的研究中，有89％的決策者表示，產品用一致的行銷和銷售語言「非常重要」（50％），或「重要」（39％）。然而，近一半（48％）的人說，他們在了解解決方案時，經常或總是遇到來自銷售和行銷在傳達不同的訊息。

　　當我（合著者珍娜）舉行關於搜尋引擎優化的研討會時，我經常舉一個例子，說明買家的搜尋動作，在整個搜尋過程中的變化情形。例如，一個想買跑步鞋的人可能會在搜尋階段，以諸如「女跑步鞋」之類的詞，開始搜尋，然後隨著潛在買家縮小搜尋範圍，會出現更具體的查詢（見圖8-2）。

　　雖然這是買家旅程的簡化檢視圖，但它說明了在旅程

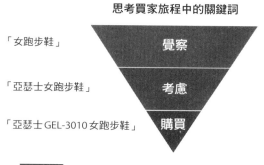

圖 8-2 搜尋關鍵字對應到買家旅程的例子

中可能會搜尋到的特定字詞。此外，買家在旅途中也會出現疑問。正如圖中代表的是關鍵字，它也可以很容易地代表買家在購買過程中的典型問題。

在某些情況下，一種產品或服務可能不只一種買家人物誌，例如，組織中的人資部門通常會尋求資訊部門的協助，在經過評估和許可之後，才會進一步購買人資軟體。在這種情況下，有兩種買家人物誌：人資部門需要針對人資工作的使用要求，和資訊部門評估該軟體的兼容性、穩定性等等。在評估軟體時，這兩個部門的人物誌可能會提出非常不同的問題。

同樣要考慮的還有內容的目標，因為目標與買家的旅程階段有關。在覺察和考慮階段的內容可以用來建立品牌、提供資訊，或進行教育；而在轉換或資格認定階段的內容，可以用來說服和轉換。買家旅程的階段將確定內容的主題和內容的形式。

內容設計另一個要考慮的因素，是行銷活動執行的計畫管道。這部分的內容將如何傳播？是透過電子郵件？是透過付費廣告？還是透過自然搜尋？根據內容中對買家階段的重點，選擇來傳播內容的管道還有助於判定內容的格式。內容應該是長篇？還是短篇？應該像資訊圖表一樣易於理解和視覺化？還是像白皮書一樣著重文字敘述和

可供下載？

CustomInk 的搜尋引擎優化分析師傑夫·格雷葛里（Jeff Gregory）分享了他們用來構思和衡量內容的三個判斷標準：

Tips1 流量

Tips2 連結

Tips3 轉換

格雷葛里解釋說：「我們會不斷地問自己：這會帶來流量、連結分享或轉換嗎？」如果內容能夠帶來流量，那算是好的；如果內容能夠讓人分享連結或轉換，那很好；內容帶來流量，又加上連結分享或轉換，那就太棒了。達到流量、連結分享和轉換這三者，就是格雷葛里所說的三連勝。「三連勝永遠是最高目標，但無可否認的，這很少見。」

幾年前，我們與一個倉儲設備聚合服務網站合作。儘管有許多其他網站在創造有意義的內容方面遇到了問題，但該網站卻在部落格上，寫出與買家人物誌需求相關的文章，做得非常出色。這些文章在相關的自然搜尋詞中獲得很高的排名，令人印象深刻，成效顯著，從而為該網站的

部落格帶來了很高的自然搜尋流量。

　　從表面上看，這聽起來是很棒的成功故事。該組織編寫了內容、優化了自然搜尋，並從自然搜尋中，吸引了大量的網站流量。如果企業行銷目標只是單純地產生網站流量，那會是一個很棒的成功故事。但是，光有網站流量，並不能帶來營收。

　　在進一步分析上半年的熱門部落格文章後發現，自然流量最大的部落格文章帶來了超過17,000名新的網站瀏覽者，但是該頁面的瀏覽者並沒有在該網站上預訂倉儲設施（見圖8-3）。這段時間內，產生自然流量最大的5篇部落格文章，即使透過自然搜尋，導入了超過63,000名新的網站瀏覽者，也沒有產生一個線上預訂。

　　儘管新網站的流量顯然表現亮眼，但執行長會更在意哪個指標：網站流量，或線上預訂？

　　並非所有的內容或行銷活動都能帶來直接的潛客轉換、銷售核可潛在客戶、生意機會或成交。大量的內容和行銷活動可能會影響轉換、生意機會和成交，但它們可能不會因此而獲得任何功勞。品牌行銷是一個很好的例子，在發現階段，內容和行銷活動可以用來建立專業知識或呈現你的產品，不過，通常品牌行銷活動可能沒有與之相關的轉換指標。

到達網頁	客戶開發			行為			轉換　目標1：網上預定		
	使用者	新使用者	工作階段	跳出率	單次工作階段頁數	平均工作階段時間長度	網上預訂（目標一的轉換率）	網上預訂（目標1完成）	網上訂票（目標1的值）
	292,854 佔總數的百分比 10.66% (2,747,113)	283,387 佔總數的百分比 10.37% (2,732,304)	317,664 佔總數的百分比 10.37% (3,598,444)	88.45% 平均瀏覽量 56.84% (55.62%)	1.23 平均瀏覽量 2.35 (-47.90%)	00:00:44 平均瀏覽量 00:02:07 (-65.66%)	0.02% 平均瀏覽量 2.11% (-98.82%)	78 % 總計 (75,704)	$0.00 % 總計 0.00% ($0.00)
1.	18,134 (6.08%)	17,890 (6.31%)	18,910 (5.95%)	95.25%	1.06	00:00:19	0.00%	0 (0.00%)	$0.00 (0.00%)
2.	12,841 (4.30%)	12,504 (4.41%)	13,861 (4.36%)	95.13%	1.08	00:00:25	0.00%	0 (0.00%)	$0.00 (0.00%)
3.	12,274 (4.11%)	12,065 (4.26%)	12,891 (4.06%)	91.03%	1.16	00:00:29	0.00%	0 (0.00%)	$0.00 (0.00%)
4.	11,505 (3.86%)	11,369 (4.01%)	12,324 (3.88%)	80.66%	1.28	00:01:02	0.00%	0 (0.00%)	$0.00 (0.00%)
5.	9,825 (3.29%)	9,660 (3.41%)	10,600 (3.34%)	93.77%	1.10	00:00:26	0.00%	0 (0.00%)	$0.00 (0.00%)
6.	9,379 (3.14%)	9,013 (3.18%)	9,940 (3.13%)	94.87%	1.09	00:00:28	0.00%	0 (0.00%)	$0.00 (0.00%)
7.	8,884 (2.98%)	8,295 (2.93%)	9,581 (3.02%)	87.17%	1.21	00:00:49	0.00%	0 (0.00%)	$0.00 (0.00%)
8.	8,467 (2.84%)	8,388 (2.96%)	9,322 (2.93%)	89.29%	1.19	00:00:45	0.00%	0 (0.00%)	$0.00 (0.00%)
9.	8,367 (2.80%)	8,072 (2.85%)	8,712 (2.74%)	79.38%	1.53	00:01:21	0.00%	0 (0.00%)	$0.00 (0.00%)
10.	8,345 (2.80%)	7,713 (2.72%)	8,762 (2.76%)	87.71%	1.19	00:00:49	0.00%	0 (0.00%)	$0.00 (0.00%)

圖 8-3 Google Analytics 的熱門部落格文章

不要只是為了創造內容，而創造內容。問問自己：「這些內容如何幫助我實現業務目標？」就像格雷葛里在 CustomInk 所做的那樣，定義每個特定內容的目標。某些內容可能僅用於獲得潛客；其他內容的目的，可能是將潛客轉換為交易。確保你在買家旅程每個階段的每個目標，都有完整的內容，有一種方法是乾脆把你擁有的內容，與每個人物誌和買家旅程的階段或目標相對應。對應內容可以讓你全方位地看到你有的內容、內容的即時性和相關性，以及如何對應到不同的目標對象，及其各自的顧客旅程。圖 8-4 就是一個內容對應的例子，其根據是顧客購買階段和人物誌的人口結構，像是行業和公司規模。

透過按人物誌的資料點，例如行業、公司規模、服務和購買的階段，來組織內容，我們可以輕鬆看出仍需要開發的內容，以解決整個過程中特定買家的問題。

在計畫你的行銷活動內容時，還應考慮內容格式。選擇行銷活動管道時，內容格式也很重要，因為某些內容格式在某些內容管道上，往往表現得最好。例如，對於 Marketing Mojo 而言，用白皮書這種內容格式在 LinkedIn 上推動轉換時，效果要優於即時線上研討會。你可能需要長期測試各種格式，以了解哪種內容格式最適合不同管道上的人物誌。

行業	公司規模	相關服務	階段	內容資產	內容類型	發布時間
所有	小到大	搜尋引擎優化	觀察	行動裝置專用性檢核表：現在如何針對行動搜尋來優化你的網站	檢核表	4/14/2015
所有	小到大	搜尋引擎優化	觀察	實施搜合式摘要（rich snippet）的權威指南？	指南	9/9/2014
所有	小到大	搜尋引擎優化	觀察	十年的搜尋引擎優化	資訊圖表	12/16/2015
所有	小到大	搜尋引擎優化/內容行銷	觀察	阿凱諾是連接的焦點資訊：Google Panda Algorithm Update、這是難漢法連頁（Google Penguin Algorithm Update）的處理？	資訊圖表	12/4/2014
所有	小到中	搜尋引擎優化	觀察	搜尋引擎行銷和內容行銷如何通力合作	資訊圖表	12/17/2013
所有	小	搜尋引擎優化	觀察	小型企業搜尋引擎優化指南		
		搜尋引擎優化	觀察	搜尋引擎優化的進階策略		
電子商務	小到大	搜尋引擎優化	考慮	小家電製造商 Holmes Products 利用自然搜尋，使網站營收提高了 28%	案例研究	5/6/2016
電子商務	小到大	搜尋引擎優化	考慮	廚房家電品牌 Oster 使用搜尋引擎優化，使網站營收提高了 93%	案例研究	12/7/2016
電子商務	小到大	搜尋引擎優化	考慮	真空包裝系列產品 FoodSaver 如何用產品介紹頁面，增加自然流量和營收	案例研究	3/15/2016
電子商務	小到大	搜尋引擎優化	考慮	慢燉鍋品牌 Crock Pot 增加自然搜尋頁面，來增加自然流量	案例研究	2/10/2016
電子商務	小到大	搜尋引擎優化	考慮	Beacon Hill 透過網頁速度優化，影片如何促使化工公司增加 300%以上的自然流量	案例研究	9/3/2015
所有	小到大	搜尋引擎優化	考慮	媒體代理商 Marketing Mojo 替馬自達（Mazda）恢復了在合歡的搜尋排名至名前幾名	案例研究	2/6/2014
所有	小到大	搜尋引擎優化	考慮	搜尋引擎優化代理階段檢核表	檢核表	12/19/2013
所有	小到大	搜尋引擎優化	決定	媒體代理商 Marketing Mojo 以服務為重點，集合了搜尋引擎優化的案例研究	案例研究	
所有	小到大	搜尋引擎優化與健診	決定	搜尋引擎優化與健診的優惠活動		
所有		搜尋引擎優化	忠誠/推廣	合歌採用行動版內容優先索引系統後，如何恢復雙排名	訓練課程	

圖 8-4 範例：使用試算表顯示對應的內容

　　某些內容格式也會在你的行銷活動中，產生意想不到的問題。例如，包括Google，大多數搜尋引擎的預設都可以對PDF文件進行檢索。如果你使用PDF檔案來開發潛客，請確保運用PDF檔案的方式，要有所策略。如果瀏覽者查看PDF的內容，要先經過填寫表單的程序，那麼你應該不會希望從搜尋引擎的網頁上，就可以直接看到PDF的內容。

　　在一個客戶的案例中，我們發現該客戶超過35％的自然流量，是透過直接點擊Google中的PDF自然搜尋結果產生的。圖8-5顯示，該客戶在90天內，有超過12,000次的直接自然搜尋點擊，這些點擊來自Google自然排名的PDF檔。大部分PDF檔是閉門式的內容，需要潛客先填寫表單，才能進一步下載，但是在這個案例中，搜尋者

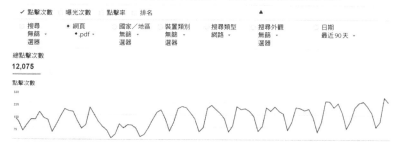

圖 8-5 Google 網站管理員（Google Search Console）

可以繞過填寫待開發客戶表單的步驟,透過Google自然搜尋,就可以直接取得內容。

在90天內,該PDF內容(主要是閉門式的白皮書)的點擊次數超過12,000次,因為搜尋者無需填寫待開發客戶表單,即可直接找到內容,因此該名客戶可能就這樣失去了數千個潛客,這就錯失了很多潛客開發的機會。

在為買家旅程創造內容時,讓銷售團隊參與內容計畫很重要。在銷售團隊繼續向潛客銷售的過程中,銷售團隊會有對內容的需求。根據LinkedIn「2018年銷售狀況」的研究,銷售團隊偏向於優先用網站和影片的內容,做為影響潛在買家的數位內容形式。

不過,並非所有內容都是歷久不衰的,因此內容行銷專家阿尼・肯建議每年要重新審視一次你的內容對照。他從經驗中發現,即使創造了與買家旅程相匹配的策略內容對照圖,行銷人員對內容策略和對照圖的決心,也會漸漸地減弱:

對於確實需要追蹤的所有事情,他們開始不再注意,很快他們只記得,他們需要製作大量的內容。所以他們開始製作大量的內容,卻忽略了每篇內容應該要有的目標。這時候就開始出現問題,這種情況我已經見過太多遍了。

　　用策略的方法，把你的內容對照到你的目標和顧客漏斗，並堅持這個開發計畫，這可能看來很麻煩，但是遠離初衷可能會更糟。

　　儘管有些人創造了大量的內容，並把內容清楚地對照到買家的旅程中，其他一些人則是迫不及待地削減內容。久而久之，組織可能發展出更豐富的內容量，似乎難以對每篇文章進行審查和評估。但是，把時間花在內容審查上，可以防止你刪掉有價值的內容。

　　我們有一位客戶正在重新設計網站，而它的市場總監急於整合網站不斷擴增的內容。身為該非營利組織的搜尋引擎優化團隊，我們建議，大部分內容可能是可以合併在一起的，而不會對自然搜尋產生許多負面的影響。但是，網站上有一個頁面很特別，對於搜尋引擎優化和轉換非常重要。該頁面只是一個簡單的「資料」頁面，有大量關於美國兒童飢餓情況的資訊。該頁面被許多新聞組織和出版物引用，並連結到該頁面。它還是超過45個相關搜尋字詞中，被Google列為精選摘要，出現在搜尋結果頁面的頂部；在318個其他關鍵字的搜尋結果中，這個頁面也排在前10位。總體而言，該頁面是該網站上自然搜尋流量最大的頁面，最重要的是，該頁面為這個非營利組織帶來了最多的捐贈轉換。當客戶了解到這個頁面在行銷工作中

的重要性，以及它所帶來的營收結果後，他們明智地選擇保持該頁面的運作。但是，如果不考慮頁面的整體價值，包括搜尋引擎優化和帶來的營收，他們可能會很容易地刪除這個頁面，並失去所有這個頁面帶來的價值。

3. 選擇配銷和傳播管道 ─────────────

Buzzfeed負責代理商開發的前副總裁強納森・佩雷爾曼（Jonathan Perelman）說：「內容為王，但配銷為后，而且她穿的是褲子。」換句話說，內容當然很重要，但是如何傳播內容也同樣重要。你可以為潛客創造最好的內容，但是如果他們找不到你的內容，那又有何用呢？

在選擇行銷活動管道時，這裡的買家人物誌再次根據實際數據，指導我們確定合適的平台，來吸引合適的目標對象。你的買家都在哪裡活動？哪些管道最合適，可以接觸到他們呢？例如，針對商業專業人士時，在LinkedIn上的付費廣告可以非常有效地根據特定目標對象的專業人口結構，例如頭銜、經驗年限、技能、公司規模等，來鎖定特定的目標對象。

每個管道著重的目標對象也有所不同。LinkedIn和臉書等社群管道可幫助行銷人員根據人口結構和身分，來鎖定目標對象；而搜尋引擎則主要利用目標對象的需求。在

理的想情況下，身為行銷人員，你希望在買家有購買意圖
時，你能接觸到正確的買家人物誌，這往往意味著要採用
多管道的方法，將身分和意圖結合起來。例如，搜尋引擎
提供意圖，社群媒體平台提供身分，兩者的重疊，就可以
知道合適的目標對象，如圖 8-6 所示。我們可以在重疊的
地方，找到行銷的甜蜜點，從而幫助我們在對的人進入市
場的時候，鎖定目標。

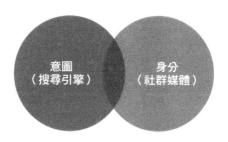

圖 8-6 搜尋引擎向我們呈現了某人的意圖，而社群媒體則顯露了
某人的人口結構和身分

　　此外，各種管道和平台對於廣告和內容有不同的投放
機制，以及不同的方法來衡量成功。在你選擇和策畫管道
時，請確定你知道如何衡量行銷活動，並且採用一致的衡
量方式。例如，雖然 Google Ads 早在 2007 年就在其平台
中提供了轉換追蹤的功能，但 LinkedIn 廣告到了 2016 年
才在其平台上增加轉換追蹤的功能。在此之前，LinkedIn

的廣告客戶必須為了LinkedIn經常使用的典型轉換廣告追蹤碼（tracking pixels），選擇替代的方式，以追蹤LinkedIn上的實際轉換。

如果某個平台不具備轉換追蹤功能（例如2016年之前的LinkedIn廣告），那麼你也可以透過第三方追蹤工具來追蹤轉換。尤其在平台沒有提供轉換追蹤功能的時候，Google Analytics（或其他網路分析軟體）可以在多個平台之間追蹤轉換，即是一個可行的替代方法。但是，如果你選擇透過網路分析，來追蹤某些平台的轉換，並透過該平台的廣告追蹤碼來追蹤平台，那麼了解當中的追蹤方法非常重要，如此才能確保你在各個平台上能一致地追蹤轉換。

我們使用Google Ads和Google Analytics，替一家軟體即服務的B2B軟體公司進行數位廣告審查。以Google Ads當平台的好處之一是，行銷人員可以從Google Analytics匯入目標，並將這些目標設定為Google Ads追蹤的轉換。這有助於確保兩個平台上追蹤一致的目標。但是，該公司把Google Analytics的目標與Google Ads的轉換分開設定了。

在檢查Google Ads轉換與Google Analytics目標的追蹤時，這家公司最重要的目標（「安排展示」的轉換行動）

在兩個平台之間的追蹤情況不一致，因為被追蹤的目標頁面網址在兩個平台之間不同（見圖8-7）。

圖 8-7　Google Ads 和 Google Analytics 中不同的追蹤方式

這種不一致不僅會導致之後我們在分析階段出現重大的報表錯誤，而且還會導致日常行銷活動管理不善。行銷團隊成員每天都在管理Google Ads帳戶，因此在理想的情況下，他們的目標是優化行銷活動、實現最多的轉換、達成最佳的轉換率和最低的每次轉換費用。如果原生平台轉換追蹤不正確，那麼可能會產生假陽性（false positive）效果，並誤導行銷人員的預算分配，替不是那麼成功的行銷活動提供資金。

正如這個案例所示，在為行銷活動選擇管道時，必須在設定時，將行銷活動的數據蒐集和數據一致性考慮進去，並且需要制定計畫，以確保跨平台的數據測量一致。

在蒐集數據的過程中，你可能還會發現需要調整管道。許多行銷人員非常重視付費搜尋廣告。然而，搜尋引擎往往最擅長衡量搜尋者的意圖，但在衡量身分方面，並不總是那麼成功。儘管Google之類的搜尋引擎，往往有更多的鎖定目標市場選項，由於人口結構通常對於企業對消費者（B2C）的鎖定目標客群很重要，例如平均收入、性別和年齡，但搜尋引擎通常缺少與B2B目標鎖定相關的人口結構。這可能會導致每次點擊和每次轉換的費用較高，因為廣告主無法根據某人的頭銜或公司規模等資訊，來鎖定他們的買家人物誌，導致各種背景的搜尋者即使不是目標的買家人物誌，都可以點擊，並轉換這些廣告。

我們在幾個B2B客戶身上也看到了同樣的問題，包括當時茉莉亞的公司ScienceLogic——該公司的許多目標關鍵字，例如「伺服器監控軟體」，Google Ads的平均每次點擊成本就高達24美元，所以我們決定擴展到LinkedIn廣告，以測試透過社群媒體管道，鎖定目標對象的特徵，是否會帶來更大的成功。最後，透過利用每種管道的優勢，並因此轉移預算，在LinkedIn上的每次點擊成本下降

了83%，每位潛客成本（cost per lead）有94%驚人的降幅，而相對的，該公司的營收就因此增加了281%，銷售管道則增加了1178%。

執行階段

　　一旦設計階段完成後，我們就可以進入執行階段，並啟動行銷活動。執行是計畫付諸實行、要見真章的時候了。如果沒有目標明確地執行這些計畫，那麼計畫和策略就毫無意義。

1. 選取、準備和優化你的工具

　　孔子說：「工欲善其事，必先利其器。」在你開始執行行銷活動之前，請務必考慮過行銷策略，然後選取、準備和優化你的工具。根據活動的重點、配銷和目標，可能需要不同的軟體或行銷工具來建立和追蹤數據，以衡量結果。在其他情況下，你可能需要一些工具，把各種來源的資訊，拼湊在一起，以全面了解行銷活動的結果。

　　為了確定上述的工作需要哪些工具，我們必須從結尾處開始來計畫。問問自己：我們要衡量的是什麼？哪些工具對計算這些指標最有效？

正如我們在選擇管道時提到，就像我們選擇的管道在定位目標對象和內容格式方面有不同的能力，管道也具有提供給平台固有的各式指標。可能需要導入其他工具，來結合不同平台的指標，或在平台本身的替代工具中，獲得所需的指標。

此外，你想從行銷活動中獲取的某些數據可能不存在於管道平台，或行銷團隊所擁有的工具中。例如銷售數據，像是生意機會和營收數據，儲存在客戶關係管理系統中，如 Salesforce 或微軟 Dynamics。雖然行銷團隊可能對客戶關係管理系統有一定的存取權限，但這些工具及其存取權限最常是由銷售團隊所擁有和控制的。

如果你的團隊正在試圖規劃搜尋引擎優化工作呢？你如何決定關鍵字？了解目前顧客使用哪些關鍵字來找到你的公司，並進行轉換會很有幫助。遺憾的是，Google和其他搜尋引擎對自然搜尋結果進行加密，因此你無法再透過 Google Analytics 等工具，確定哪些自然搜尋關鍵字，產生了轉換，甚至是達成了電商的購買。

但是，在這種情況下，也有可能的變通辦法，透過其他工具和管道，學到新的資料。例如，如果你已有現有的付費搜尋廣告活動，那麼可以先查看哪些關鍵字帶來了轉換。但是，如果你已經提前計畫，並規劃好了你的工具，

你還可以確保你的到達頁面在待開發客戶表單上的隱藏欄位，捕捉到每個轉換潛客的付費搜尋關鍵字，並將這些資料傳遞給你的行銷自動化系統和（或）你的客戶關係管理系統工具，讓你製作出報表來查看，顧客透過付費搜尋廣告進行轉換，最常用的關鍵字是哪些。明確了解實際顧客使用了哪些關鍵字，可以幫助你透過實際的相關營收數據，來指導你的搜尋引擎優化工作。但是要獲得這些學習成果，意味著你必須儘早考慮所需的工具，以及它們如何能讓你蒐集到有用的資訊。

在你的組織準備蒐集數據的活動時，要明白在顧客旅程測量路徑上，需要哪些工具，並確保活動的設定是要一起使用這些工具——把活動得來的準確資訊，傳遞到測量工具。

2. 在整個行銷活動和銷售過程中蒐集數據

在電腦科學中，GIGO 一詞是「垃圾進，垃圾出」（Garbage In, Garbage Out）的首字母縮寫，表示如果輸入不可靠、不準確的資料，得出的結果也一樣不可靠、不準確。也就是說，如果把不好的數據輸入電腦，則輸出也會有缺陷。

在行銷中，「準確的數據輸出」很大程度上取決於「準

確的數據蒐集」。在行銷與數位平台密不可分的情況下，這似乎是一項簡單的工作。然而，精確的數據蒐集往往是行銷人員最常犯的錯誤之一。所以，當數據輸入不正確時，輸出的數據也會不正確，導致行銷人員看到假陽性結果，並根據錯誤的輸出，做出關鍵的預算和策略決策。

如今，行銷人員比較常用的數位行銷初始資料蒐集工具之一是 Google Analytics，它為行銷人員提供了一種簡單的方法，標記來自任何行銷活動來源的連結，以辨別流量如何到達網站。如果實際運用不正確或完全被忽略，Google Analytics 的追蹤碼（UTM 標籤）可能會給行銷人員錯誤或不完整的數據。

我們在替一名客戶做的數位廣告審查中，發現他們應用了錯誤的標籤。圖 8-8 顯示了 Google Analytics 來源／媒介報表的例子。「google/cpc」和「AdWords/cpc」的來源實際上都代表來自 Google Ads 的流量。[1] 但是，「google/cpc」的來源／媒介是透過其自動標記過程分配到 Google Ads 中的，該過程會自動將 Google Analytics 標記數據附加到每個廣告上。反之，「AdWords/cpc」的來源媒介是由客戶手動分配給某些廣告的。

---

1 代表有買 Google Adwords，也就是關鍵字廣告所導入的流量。

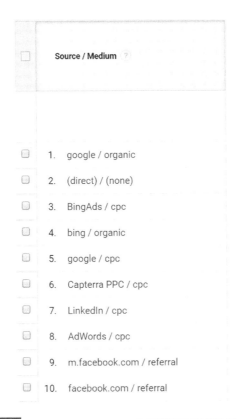

圖 8-8 Google Analytics 中標籤應用錯誤的例子

　　這會導致什麼問題呢？透過把 Google Ads 的總流量數據拆分在兩個標籤之間，客戶無法依賴任一標籤來獲取來自該管道流量的匯總數據資料。

　　工具在資料蒐集方面也有一定的獨特性，也應該予以考慮。例如，Google Analytics 無法辨識同一字的大小寫

呈現方式。在 Google Analytics 中，「LinkedIn」的來源標籤和「linkedin」的來源標籤，會被當做不同的來源（見圖 8-9）。

在計畫和實施標籤或其他數據蒐集技術時，重溫「數據至上的行銷活動框架」段落，並考慮之後在流程中需要使用哪些測量方法，也很重要。正如數據至上的行銷理念所倡導的，最終，我們身為行銷人員的目標，應該是為企業的整體營收目標做出貢獻。然而，要想真正了解行銷活動是如何影響營收的，我們需要追蹤行銷活動數據，直至銷售完成和預訂收入完成。對於許多行銷人員而言，這意

Source / Medium ?	Acquisition
	Users ? ↓
	8,116 % of Total: 1.47% (552,218)
1. LinkedIn / cpc	4,781 (58.58%)
2. linkedin / cpc	3,379 (41.40%)
3. linkedIn / cpc	1 (0.01%)

圖 8-9 Google Analytics 中標記錯誤的其他例子

味著要從行銷本身的工具，到銷售客戶關係管理系統中，追蹤歸因。只有當銷售可以正確地歸因於一個或多個行銷活動時，行銷團隊才會知道哪些活動成功影響了該營收。

正如第五章所述，建立數據政策對於行銷和銷售極為重要，這可以確保你蒐集到的數據是準確且可用的。在潛客被分配給銷售人員之前，行銷團隊的集客式行銷工作還必須採用由整個行銷團隊共用的數據政策，以防止出現數據不一致的情況。

3. 在整個行銷活動中進行測試和實驗

當我們在整個行銷活動中蒐集數據時，將能夠看到這些活動長期下來的表現。並非所有行銷活動一開始就是贏家，即使是那些看起來表現良好的行銷活動，也可能還能更進一步的改進，可以提高成效。唯一知道答案的方法，是在整個活動中進行測試和實驗。

需要注意的是，我們不鼓勵「為測試而測試」。相反的，測試和實驗的方式應該類似於科學界的測試方式。總體而言，科學家不會在沒有目標，即「沒有假設」的情況下，進行測試，每個測試或實驗都遵循指導測試的方法論。

提姆・艾許（Tim Ash）著有兩本討論到達頁面優化的書，他也是網站轉換率優化領域的早期先驅，他提醒：

在這個如此專注於數據導向的世界中，我們可能最終會促使和獎勵行銷組織中的錯誤行為。艾許分享說：「我曾經有一名客戶，把轉換率優化描述為『工作流程』，即『你擁有搜尋引擎優化、點擊付費、聯盟和轉換率優化這些流程步驟。』但是，如果你把它視為建立在儀表板之上的戰術活動，並測量你所做的測試數量，那麼你完全錯過了重點。」為了測試而測試，不會幫助你獲勝。把測試速度當做衡量標準，根本不是在測試重要的東西。艾許又繼續說：「你真的需要在有利潤的起始點後，來進行測試。」無論你選擇哪種測試，都需要證明真正的投資報酬率，否則，你為什麼要做這些測試呢？

當然，目標是不斷改進我們的行銷活動，以提高利潤的成果。科學這門學科涉及不斷的進步，「科學」一詞的根本定義就包括了實驗和測試的概念：

學術和實作活動包括透過觀察和實驗，對物理和自然世界的結構和行為，進行系統化的研究。

因此，科學方法這套系統發展成不光是需要觀察和實驗，還消除了可能毒害研究人員的認知偏誤和假設，認知偏誤和假設會使他們無法判斷準確和真實的結果。科學方

法通常包括6個基本步驟：

Step1 問題

Step2 假設

Step3 實驗

Step4 數據分析

Step5 結論

Step6 重複

　　就像科學家可能會對期望的結果有認知偏誤一樣，行銷人員也可能根據行銷活動，對希望發生的結果有認知偏誤和偏袒的判斷。因此，「數據至上」行銷活動框架的大部分內容反映了科學方法的步驟，以幫助消除行銷人員在過程中的潛在偏誤。

　　科學方法的關鍵部分是測試或實驗階段，同樣在行銷中，要改善結果，也必須要去測試和修正。「數據至上的行銷活動框架」幫助行銷人員透過不斷改進的過程，來實現業務目標。長期以來，企業一直把持續改進的模式，應用到組織的各個環節。業界流行的「六個標準差」（Six Sigma）使用持續改進的方式，來降低效率不彰之處，有助於消除產品和過程中的缺陷。傑克・威爾許（Jack

Welch）在通用電氣（GE）的業務策略中加入了「六個標準差」，據說為公司省下超過120多億美元的營運成本。

其他組織透過別的商業模式，持續改進，也獲得了成功。豐田公司透過「豐田模式」，即豐田的管理方法和生產系統，持續地改進製造過程，因而聞名於世。這個系統的關鍵部分是「改善」（日語的kaizen），意思是「為了變更好而改變」，它已被應用於包括商業在內的許多領域，以促進持續改進。透過採用「改善」方法，豐田達到更高的資源效率，以沙烏地阿拉伯豐田為例，公司因此無需投資新的設施，也無需增加產線人員，來滿足因需求增加所需的勞力，因而節省了333萬美元。

「改善」是以科學方法為藍本，而科學方法是經過檢驗的過程，由系統觀察法、測量和實驗，以及假說的提出、測試和修改所組成的。「改善」和科學方法的基礎也可以具體應用到行銷中，鼓勵組織持續改進，以實現我們的企業行銷目標。同樣的，「數據至上的行銷活動框架」不僅涉及到行銷策略的執行，還與業務行銷策略和業務目標衡量的策略，能否持續改進有關。

重要的是要意識到，其中「會有失敗的情況」。雖然失敗，更重要的是從失敗中學習，可以幫助我們改善行銷工作，這是科學方法對科學的貢獻。並非所有的假設都能

被證明，會有很多假設失敗。第一次嘗試就達到目標，這種情況很少見。這就是為什麼我們要進行測試和修正。身為行銷人員，就像科學家一樣，我們必須學會擁抱失敗的可能性，才能有所改進。

小吉姆・哈蕭（Jim Harshaw, Jr.）在他的播客節目「透過失敗來成功」（Success Through Failure）中，從體育的角度，探討了商業和生活中失敗與成功之間的關聯。哈蕭曾經是前全美第一級摔角選手，曾擔當維吉尼亞大學第一級摔角教練，並在全國各地演講，談論失敗推動成功的力量。哈蕭曾在他的播客節目中，採訪過許多著名的摔角手、行銷人員和商業領袖。他指出，在商業領域，正如在體育界一樣，所有領域的持續改進都有賴於尋找失敗：

你日復一日地工作，不是只工作一天或一周，為了獲得想要的結果，只要有需要你就會長時間工作。這並不容易，且根本不值得這麼做。

但是你必須尋求失敗。

失敗教會了我們需要改進的地方。

失敗是所有成功人士的共同經驗。

失敗是所有成功的運動員、團隊、商業領導者或組織，必須尋找的成功要素，以做為持續改進的工具。

　　專門知識是關於「不該做的事」和「該做的事」，而我們通常透過嘗試和失敗，來獲得專門知識。

　　幾年前，我（合著者珍娜）曾是線上調查公司WebSurveyor的數位行銷總監。我們和許多軟體即服務的公司一樣，業務和行銷策略目標是要將更多的網站瀏覽者轉換到我們產品的免費試用版。我們知道，免費試用會讓他們考慮出手購買，帶來營收。

　　但是，對於網站瀏覽者在造訪時，「會想如何與網站進行互動」，我們有許多先入為主的想法。像當今許多其他網站一樣，我們的首頁散布了多個行動呼籲：新聞、事件、案例研究，使用者指南等（見圖8-10）。主要的行動呼籲，即「免費試用註冊」，很容易被埋沒在首頁上所有其他的主題中。由於首頁是我們整個網站中流量最大的頁面，我們如何將更多的首頁瀏覽者轉換為註冊免費試用版的用戶？

　　這就是A | B測試的作用了。A | B測試或「對比測試」（split testing），是完全一樣的測試，只有兩個變量是不同的，它要測試的是一個假設。在測試中，我想看看是否可以透過讓頁面的設計更簡單、更易於瀏覽，讓更多首頁瀏覽者去註冊免費試用。

　　那時，微軟一直在進行一個行銷活動，標語是：「今

天你想去哪裡？」我覺得這個概念很適合放在首頁上。據
我估計，網站的首頁更像是目錄，它帶你去你想要去的地
方。通常，我們大多數人不打算在首頁上結束網站之旅；
通常我們尋找的是比首頁資訊還要更深入的東西。

　　我決定用「今天你想去哪裡？」的口號，在我們的首
頁上進行 A｜B 測試。（見圖 8-10 和圖 8-11）。我們的想法
是製作第二個版本的首頁，這個版本遠不如當前的首頁複

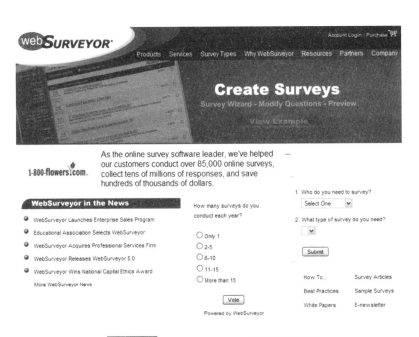

圖 8-10 WebSurveyor 的原始首頁

資料來源：Web Surveyor

雜，讓瀏覽網站的「下一步」變得清晰簡潔。結果我們設計出下面的測試首頁（見圖8-11）。在推出新首頁的幾天後，我們公司的創辦人兼技術長把我叫進他的辦公室。他顯然對新的首頁設計不滿意，並告訴我立即撤下來。我告訴他：我尊重他的感受，但是我們 A｜B 測試的數據顯示，修改後的首頁在推動新的免費試用註冊人數方面，比原來的首頁高出 50%。

最後，技術長同意保留新的首頁。但是，如果我沒有檢驗我的假設，如果我沒有清楚、準確的數據來支持我的

圖 8-11 WebSurveyor 的測試首頁

資料來源：Web Surveyor

理論和論點，他是不會默許的。他和其他許多人一樣，內心有一種偏見，認為傳統的首頁模式是最好的模式。但是，這個假設最終並沒有成立，測試讓我們確定了這一點。

　　並非所有的 A｜B 測試都需要進行重大而徹底的更改，例如測試兩個不同的網站首頁。有些測試可能很微妙，但也會產生有意義的影響。「轉換率優化」是一種系統化過程，它會提高網站瀏覽者對特定行動呼籲反應的比率。行銷大師賽斯・高汀（Seth Godin）在他的《如何把網站變得更好》[2] 一書中，把在網站上尋找資訊的瀏覽者，比喻成在尋找香蕉的猴子。如果瀏覽者無法在你的網站上快速找到香蕉，這個人就會離開，去別的地方找。轉換率優化測試了不同部分，幫助瀏覽者更容易在你的網站上找到香蕉（行動呼籲）。

　　有時候，一些簡單的東西，像行動呼籲的顏色就會影響它在頁面上的可見度。如果行動呼籲的顏色與頁面的顏色混合在一起，在頁面上就會不起眼。在我們一名客戶的案例中，它只不過是把按鈕顏色從白色改為藍色，就對轉換率產生強烈的影響，使其電子報訂閱量增加363％。

　　還記得我們前面關於內容沒有效果的例子嗎？圖8-12

2　The Big Red Fez: How to Make Any Web Site Better

到達網頁	客戶開發			行為				轉換 目標1：網上預訂		
	使用者 ↓	新使用者	工作階段	跳出率	單次工作階段頁數	平均工作階段時間長度	網上預訂（目標一的轉換率）	網上預訂（目標1完成）	網上訂票（目標1的價值）	
	292,854 佔總數的百分比：100.66% (2,747,113)	283,387 佔總數的百分比：10.37% (2,732,304)	317,664 佔總數的百分比：(3,588,444)	88.45% 平均瀏覽量：56.84% (55.62%)	1.23 平均瀏覽量：2.35 (-47.90%)	00:00:44 平均瀏覽量：00:01:07 (-65.66%)	0.02% 平均瀏覽量：2.11% (-98.82%)	78 % 總計：(75,704)	$0.00 % 總計：($0.00) 0.00% ($0.00)	
1.	18,134 (6.08%)	17,890 (6.31%)	18,910 (5.95%)	95.25%	1.06	00:00:19	0.00%	0 (0.00%)	$0.00 (0.00%)	
2.	12,841 (4.30%)	12,504 (4.41%)	13,861 (4.36%)	95.13%	1.08	00:00:25	0.00%	0 (0.00%)	$0.00 (0.00%)	
3.	12,274 (4.11%)	12,065 (4.26%)	12,891 (4.06%)	91.03%	1.16	00:00:29	0.00%	0 (0.00%)	$0.00 (0.00%)	
4.	11,505 (3.86%)	11,369 (4.01%)	12,324 (3.88%)	80.66%	1.28	00:01:02	0.00%	0 (0.00%)	$0.00 (0.00%)	
5.	9,825 (3.29%)	9,660 (3.41%)	10,600 (3.34%)	93.77%	1.10	00:00:26	0.00%	0 (0.00%)	$0.00 (0.00%)	
6.	9,379 (3.14%)	9,013 (3.18%)	9,940 (3.13%)	94.87%	1.09	00:00:28	0.00%	0 (0.00%)	$0.00 (0.00%)	
7.	8,884 (2.98%)	8,295 (2.93%)	9,581 (3.02%)	87.17%	1.21	00:00:49	0.00%	0 (0.00%)	$0.00 (0.00%)	
8.	8,467 (2.84%)	8,388 (2.96%)	9,322 (2.93%)	89.29%	1.19	00:00:45	0.00%	0 (0.00%)	$0.00 (0.00%)	
9.	8,367 (2.80%)	8,072 (2.85%)	8,712 (2.74%)	79.38%	1.53	00:01:21	0.00%	0 (0.00%)	$0.00 (0.00%)	
10.	8,345 (2.80%)	7,713 (2.72%)	8,762 (2.76%)	87.71%	1.19	00:00:49	0.00%	0 (0.00%)	$0.00 (0.00%)	

圖 8-12 自然搜尋流量不一定會產生網上預訂

顯示了內容產生自然搜尋流量的方式，但沒有產生網路預訂，而網路預訂正是我們所期望的轉換行動。

　　這是實施轉換率優化測試的理想機會，來測試促進網站預訂和幫助內容的新方法，這些內容已經吸引了很多網站瀏覽者，以完成內容的使命，並幫助將這些瀏覽者轉換為潛客。

　　無論你在網站上執行什麼測試，都需要從目標開始出發。就像科學方法在進行科學實驗之前，會對結果形成假設一樣，行銷人員也必須知道，他們希望透過執行測試**所達到的情況**。

　　提姆‧艾許還成立了策略轉換率優化的代理商SiteTuner，當他和他的團隊替客戶測試和試驗時，他們提出了三個關鍵問題：「我們正在嘗試優化的指標是什麼？每個人都必須簽字同意。我們將如何衡量成功？以及成功是什麼模樣？」

　　除了成效上的改變外，測試還可以幫助公司做出重要的轉變，不僅可以提高轉換率，還可以提高顧客的營收和終身價值。例如，用較低或較高的價格測試產品，可以產生更高的銷量。

　　艾許表示：「你可以在定價、商業模式、要求多少資訊，以及如何提出要求的這些方面，進行優化。」同樣的，

行銷在組織中的角色及實現組織的整體目標，不僅僅是測試轉換率，行銷還可以成為策略夥伴，幫助企業全面地學習和改進。

艾許講了一個客戶的故事，那是一家大型露營車租賃公司。他們在網上有一份長達十七頁的租賃合約，也就是長達十七個螢幕畫面的內容。艾許要求他們描述租賃過程中發生的事情，客戶繼續描述了租車者如何在線上填寫合約，然後在要承租取車時，租車公司人員會和租車人一起巡視車子，檢查一番，教導租車人要注意的安全事項，然後列印紙本並簽訂最終契約。艾許意識到，在租車之前，80%的過程並不需要冗長的契約，因為很多事情租車公司的人都必須親自去做。

艾許提出了重要的商業模式改變。他建議改用預訂系統，取代長達十七頁的線上合約，系統會詢問：有多少乘客？你要在哪裡取車和還車？以及你何時取車和還車？透過這種改變，他們實際上並沒有變更他們要賣的東西，但卻讓顧客的流程變得更容易、更簡單。

最後，以**正確的方式**進行正確的測試，不僅可以幫助企業改善行銷指標的表現，而且最終可以提高企業的利潤。這些變化可能會從行銷傳統的創造銷量作用，擴展到企業的最基本要素，即商業模型、流程和定價。

分析階段

　　分析階段將採用我們在行銷活動中建立的所有內容，開始分析與行銷活動成效相關的指標。但是，分析不僅是針對重複平台上的數字，例如轉換率、潛客來源等。真正的分析包括使用指標來簡化複雜的東西，辨識數據要告訴你的事情。這個階段有三個重點：**歸因、KPI 和投資報酬率**。

1. 正確地對潛客和銷售進行歸因，以準確分析————

　　歸因著重於如何替行銷活動分配功勞，這部分應該由行銷團隊決定，並成為所有行銷活動的標準。行銷活動的所有方面和所有類型的行銷活動，一切都涉及到歸因。

　　但是，正確地去進行歸因會非常困難。首先，正確的歸因需要行銷團隊，且往往還要和其他商業利益相關者，就哪種歸因模型最能代表業務的實際結果，達成共識。

　　歸因模式有很多，但都屬於以下三種類型之一：**單源、多源（也稱為細節歸因）和演算法**。你所使用的歸因模式類型，反映了把功勞歸因於行銷來源的方式。「單源歸因模式」把所有行銷功勞分配給單一來源，通常是影響顧客的第一個行銷來源（最初互動）或影響客戶的最後一

個行銷來源（最終互動）；「多管道互動歸因模式」將功勞分配給多個行銷來源，追蹤在買家旅程中，影響顧客的每個行銷來源；「演算法模型」使用統計模型和機器學習，來得出轉換率。

根據 2018 年 7 月 Ascend2 的「衡量行銷歸因」（Measuring Marketing Attribution）研究，雖然81％的行銷人員明白衡量行銷歸因非常重要，但許多行銷人員仍在使用非常基本的歸因模式，這可能導致誤導人的數據和分析。更令人驚訝的是，Bizible 的「2018年管道行銷狀況報告」顯示：有將近44％的行銷人員仍在使用單一管道歸因的方法，還有超過25％的行銷人員根本沒有歸因模式──這相當於有超過72％的行銷人員沒有在買家旅程中，衡量他們所有內容和活動的效果。

使用單一管道歸因通常是許多組織的預設方法。許多行銷活動的平台和衡量工具都透過制式的設定，鼓勵單一管道歸因。但是，單一管道歸因（例如最終互動歸因）通常會把功勞過多地歸因於特定類型的行銷內容和管道，而忽略了早期漏斗階段的貢獻。

Google Analytics 提供了一種有用的報表，可透過歸因模式展示各種行銷管道分組的效果。我們因此決定檢查所有客戶的行銷管道，以了解在「最終互動」或「多管道

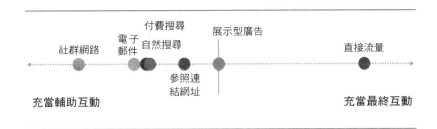

社群網路　電子郵件　付費搜尋　自然搜尋　參照連結網址　展示型廣告　直接流量

充當輔助互動　　　　　　　　　　　　　　　　　充當最終互動

圖 8-13 範例：不同管道往往更偏向歸因頻譜的某一側

互動」歸因模式中更常見的行銷管道（見圖 8-13）。

正如我們的顧客數據所顯示，許多行銷管道更多是做為起初潛客轉換的輔助，而不是最終潛客轉換的來源。如果我們僅透過最終互動歸因來衡量，那麼在這種模式下，即使我們的行銷內容和行銷活動確實有助於買家轉換過程中的轉換，但它們的效果顯得相當低。在最終評估中，單一管道歸因錯過了行銷對買家旅程很大比例的貢獻，因而產生誤導人的指標。

無論選擇哪種模型，確保在整個買家的整個旅程中，正確地追蹤歸因，這點極為重要。當潛在買家在旅程的各個步驟中不斷前進，並在途中接觸到不同的活動時，必須準確記錄這些接觸的歸因，以反映行銷活動對買家旅途的影響。正確地實施這種方法，可為行銷人員對行銷活動的影響，有一致準確的了解，並更能好好地衡量行銷活動的

成功與否。

在一名客戶的案例中，我們正在進行一個付費搜尋的行銷活動。廣告回覆者被引導到該公司的網站，他們會在網站上填寫聯絡頁面上的表格，並透過行銷自動化系統進行篩選。儘管我們的團隊在 Google Ads 平台上，清楚地看到了轉換，廣告回覆者已經完成了聯絡表格，但客戶卻向我們反映，他們絕對沒有來自 Google Ads 的潛客。經過更深入的調查後，我們發現聯絡表單中有一個隱藏欄位，把潛客來源重設為「網站」，這意味著我們所有付費搜尋瀏覽者，以及來自其他行銷管道的瀏覽者，這些潛客來源都被這個表格所覆蓋了。

要把把歸因追蹤正確時，你的行銷自動化系統中可能還有其他潛在陷阱。許多行銷自動化工具都有「規則」的功能，讓行銷人員不僅可以設定規則，分配或處理造訪的潛客，還可以分配潛客來源和其他欄位，例如，行銷自動化平台可以替使用特定到達頁面的潛客，分配為來源是「付費搜尋」，如果該特定到達頁面被指定為付費搜尋。

在一名醫療軟體客戶的案例中，問題不在於表單上的隱藏欄位，而是行銷自動化系統中設定的規則。根據他們行銷自動化系統中的一條規則，每個透過網站聯絡表單而來的潛客都被歸因於「網站」，而不是其原始的、正確的

潛客來源，因為這項規則把所有來自該聯繫表單的潛客來源分配為「網站」。

請密切注意這些歸因錯誤。如果你定期從多個來源，提取數據，並進行比較，你應該能夠發現大多數可能發生的錯誤。但是，這需要定期仔細檢查，以確保你的歸因數據追蹤正確。錯誤的歸因數據將導致你出現假陽性和假陰性（false negative），並可能導致你把行銷預算花在實際上並沒有很成功的管道或行銷活動上。

這裡如同行銷活動執行的許多步驟，我們可能還需要來自非行銷團隊所擁有的數據。客戶關係管理數據顯示出潛客的資格認定、生意機會和創造營收，把客戶關係管理數據與準確的歸因追蹤互相結合，不僅可為行銷團隊清晰地顯示了哪些行銷活動成功產生了潛客，而且最終還能創造銷售和營收。了解我們的行銷活動對創造營收的直接影響，有助於我們行銷人員做出更明智的決策，以資助、調整或取消行銷活動，因為這些活動關係到我們業務的最終目標：創造營收。

2. 確定 KPI，並分析行銷活動的成功情況 ─────

著名的管理顧問彼得・杜拉克說：「如果事物無法衡量，就無法管理。」如果沒有明確定義我們尋求的結果，

怎麼分析數據，並知道行銷活動是否成功呢？

關鍵績效指標（KPI）是可量化的衡量標準，這意味著潛客將帶來交易，並產生營收。每個組織都根據自己對潛客行為價值的衡量標準，來設定自己的KPI。例如，KPI可能是要填寫聯絡需求，或請求展示。這些行動顯然會顯示潛客對購買產品或服務的興趣。

KPI應在行銷活動開始**之前**就確定好。正如提姆·艾許在類似測試衡量標準的實例中所分享的，我們還需要在活動開始之前，就制定KPI，並獲得對KPI的認可。但是，行銷顧問公司eConsultancy的報告顯示：有57%的行銷人員只是偶爾，或很少在行銷活動開始之前就確定KPI。

確定你的KPI時，請務必謹慎。並非瀏覽者在你的網站上採取的每項操作都是關鍵指標，有時你認為應該是KPI的指標根本不是好的指標，例如，在我們自己的公司，我們認為部落格讀者更有可能成為顧客。多年來，部落格的讀者人數很多，我們在部落格上投入了大量時間和資源。

但是，像所有行銷工作一樣，包括部落格文章的內容創作工作，都要投入時間、金錢和人力資源。因為我們的客戶經理要撰寫部落格文章，每一篇文章也意味著：客戶經理犧牲了對客戶某種程度的關注，才能騰出時間來撰寫

部落格文章。因此我們決定要確認，「部落格是否值得這麼重大的投資」。部落格真的為我們公司帶來了潛客嗎？

我們檢查了三年來自Google Analytics的數據，我們想知道的問題是：「部落格瀏覽者會轉換為潛客嗎？」換句話說，部落格互動是否是一項KPI，表示瀏覽者有可能成為潛客？

如圖8-14的數據所示，我們的部落格在這段時間內經歷了很大的流量。但是，在這四年中，「目標完成指標」顯示：沒有一位部落格瀏覽者成為潛客。目標完成指標包括網站上任何需要瀏覽者提供個人資料的轉換形式，包括

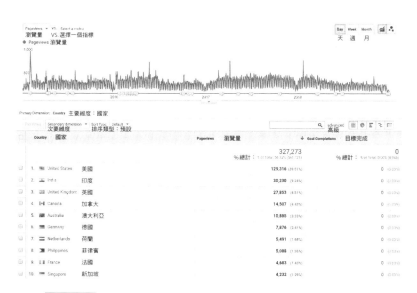

圖 8-14　按國家區分造訪 Marketing Mojo 部落格的流量

電子報註冊、聯絡表單，以及更重要的轉換，例如詢問報價等。此外，儘管在這段時間的部落格流量來源最高的國家是美國，但美國以外的國家加總起來，實際上卻構成了部落格總流量的大宗。有鑑於我們公司當時並沒有在國際上進行銷售，因此部落格內容雖然很受歡迎，但主要吸引的流量卻來自於不太可能成為顧客的瀏覽者。

最後，數據告訴我們，事實上部落格流量**並不是轉換**可能性的指標。了解這些數據有助於我們進一步理解：哪些網站行為是真正的KPI，而哪些不是。此外，數據還能幫助我們確定我們的資源，像是時間、人員和預算應該用在哪裡，而且，就部落格而言，這些資源可能用於其他行銷活動和計畫會最好。

數位行銷人員還經常依靠資料點來獲取KPI，這樣可能會、也可能不會真正測量到行銷活動的影響。根據LinkedIn對B2B行銷人員「投資報酬率概況」（The Long and Short of ROI）的研究，數位行銷人員傾向於依賴點擊率（CTR）和每次點擊費用（CPC），而不管活動的目標為何。

雖然點擊率和每次點擊費用肯定有助於衡量某些行銷活動的結果，但這些資料點當作KPI是否能準確地衡量行銷活動的目標呢？例如，如果產生潛客是行銷活動的目

標，那麼點擊率或每次點擊費用為什麼重要？每次點擊費
用是廣告主衡量每一次點擊廣告平均費用的指標。每次點
擊費用不會顯示任何結果，也不顯示與產生潛客之間的關
聯。然而，在這項研究中，有42％以產生潛客為目標的
數位行銷者表示，他們用「每次點擊費用」做為投資報酬
率指標。

　　雖然投資報酬率是我們最終的行銷活動結果和目標，
但如果使用正確的指標進行分析，KPI可以為行銷活動成
效提供寶貴的見解。

3. 測量營收創造、投資報酬率和終身價值，來分析行銷活動對業務的影響

　　雖然KPI可以為我們提供可能的創造營收指標，但
KPI只是模糊的指標，不是實際的創造營收指標。最終，
我們的分析應該衡量行銷活動是否實現了業務和行銷策
略預期的結果，這意味著我們還必須衡量銷售指標和創造
的營收。

　　行銷人員可以利用可用的平台和技術獲得的數據。你
可以分析的東西，也是你擁有的工具和這些數據之間整合
的產物。雖然最終目標可能是分析每份內容、每個行銷活
動或每個行銷平台的投資報酬率，但你可能必須從最初的

轉換數據著手。

　　但是，今天的行銷人員還需要確認，他們有足夠的時間來準確衡量投資報酬率的結果。由於現今我們許多數位工具的預設，是以每月或每30天進行測量，因此許多數位行銷人員也以這樣的區間來做報表。根據2019年LinkedIn的研究，數位行銷人員往往測量投資報酬率的速度過快。根據調查，大多數B2B公司獲得新顧客的平均銷售週期為六個月或更長時間，但有77%的數位行銷人員試圖在行銷活動的前幾個月內就去衡量投資報酬率。

　　由於無法在30天之內衡量真實的投資報酬率，因此數位行銷人員錯誤地把投資報酬率與KPI混為一談，以便至少展現出有「短期」的成果。

　　在某些情況下，你可能會發現，你的行銷活動投資報酬率實際上是負的，也就是行銷活動沒有產生營收。BookCircus是我們的客戶，在這家線上大學教科書零售商的案例中，我們發現付費搜尋廣告並沒有產生我們需要的投資報酬率。大學教科書業務的利潤率通常非常低，而付費搜尋廣告競爭日益激烈，使競標價格上漲，導致活動的投資報酬率為負。

　　像BookCircus這樣的情況，對於行銷人員來說可能是非常可怕的。因為他們要對投資報酬率負責，意味著當

某件事情不奏效時，你必須承認。這不一定是行銷人員的錯，但是我們有責任修正。修正可能意味著改用其他管道，或測試商業模式改變的效果。但關鍵是，我們對數據及活動最終是否為公司提供幫助，要誠實坦率。

但是，行銷活動的投資報酬率並不一定是我們唯一的衡量標準。如果某個管道可以產生很高的「終身價值」，那麼即使有一個行銷活動沒有成功，這個管道仍然是有價值的。我們在 WebSurveyor 發現，雖然 Google 產生了更多新的潛客，但微軟的搜尋引擎 Bing 帶來的潛客所產生的終身價值更高。行銷人員最初可能會根據初始數字，對 Bing 的表現打折扣，因為 Bing 就是沒有像 Google 那樣產生大量的潛客或營收。但是從長遠來看，Bing 實際上卻更有價值，因為它產生了更高終身價值的顧客，這些顧客多年來反覆購買了我們的平台服務。了解和深入探討行銷活動數據，可以為你提供這些見解。

你的測量和分析可能會受到現有數據的束縛。但是正如網球選手亞瑟·艾許（Arthur Ashe）的名言鼓勵了大家，「從你在的地方開始，用你有的東西，做你能做的事情。」從你擁有的測量平台開始，學會你需要什麼來完成分析描述，盡你所能做的事，但要使用「持續改進」的口號，來繼續改進測量的結果，從而改進你的分析想法。

馬上開始！

　　要開始使用行銷活動框架，你可以重新檢查現有的行銷活動，或用新的行銷活動來著手。無論哪種方式，首先都要定義行銷活動的目標，這應該會對你的整體業務目標和目的有所幫助。

1. 確定行銷活動的目標，以及如何進行量化衡量 ——

　　這個行銷活動的目標是什麼？至少，要嘗試獲得某種形式的轉換。即使你只是獲得電子郵件地址，也可以透過電子郵件行銷、聯絡人鎖定廣告等等，來進一步聯繫這個人。正如行銷專家阿尼・肯所說：「每種類型的內容都應該產生某種類型的轉換，即使這是一篇簡單的部落格文章。如果你要花時間來創作優秀的內容，那麼目標應該是轉換。轉換可能是有人註冊、願意接收你的部落格文章。你引起他人足夠的興趣，他們會尋找與你接觸的方式。」

　　成功是什麼樣子的？確保你擁有準確的測量方法，來量化測量符合你目標的指標。例如，如果你正在測量轉換，你可能只需要你的分析工具，而對於更複雜的行銷活動目標，則可能需要額外的工具和資源。確保你備妥了適當的追蹤方式，來衡量這些平台，以便從一開始就進行正

確的歸因。

2. 確定目標對象（買家人物誌）

　　了解你的目標對象。他們的人口結構特點和痛點是什麼？這些資訊將幫助你顯示出顧客旅程，以及你需要的內容和管道，以便在正確的時間，用正確的資訊接觸到該目標對象。

3. 確定與行銷活動和顧客旅程相符的內容，並選擇適合該人物誌的管道

　　一旦你了解了你的目標對象和他們的具體購買歷程，就可以規劃出每個歷程，以及該歷程每個階段所需要的內容。選擇適合買家的管道，並確保內容資訊在正確的時間，接觸到潛客。

4. 測量、評估和調整

　　衡量行銷活動的效果。定期測量，以監控和評估行銷活動的成效。進行Ａ｜Ｂ測試，調整行銷活動，以提高效果。

第九章

步驟 5：
數據至上行銷的用人和文化

　　微軟前執行長鮑爾默（Steve Ballmer）說：「所有規模的公司都必須繼續挑戰，以確保你得到合適的領導者、合適的團隊、合適的人員，在市場上快速行動、快速發展。」對於行銷組織而言，這是對行銷組織最適合不過的形容了，因為要轉變成數據至上的行銷組織。

　　實現以營收為中心的行銷組織，這樣的轉變並非是一蹴而就的。對於行銷部門來說，這是充斥著技術和文化的轉變，涉及到用全新的方式，來看待規劃和執行行銷。最重要的是，在過去，我們行銷人員可能不願意或不敢去承擔後果，現在則必須要歸咎到某種程度的責任。但是，透過承擔這種責任，我們會獲得公司領導層、銷售部門和整個組織的信任和信心。

　　我們將在本章研究如何建立數據至上的行銷團隊。首

先，行銷領導層要把數據至上的行銷策略做為新的標準來推廣。我們將分享如何評估現有的團隊：你是要與現有團隊成員合作，還是去找具有特定技能的新團隊成員？我們將介紹如何評估技能，以及如何培訓和指導各種技能，授權你的團隊根據他們分析的數據，採取行動。現在，讓我們開始建立數據至上的行銷團隊吧！

從高層開始：行銷長和行銷領導力的關係

　　任何深刻、文化上和系統上的改變都是從組織的領導者開始的，改變需要行銷高層領導者的指導和支持。吉姆・余（Jim Yu）在「今日行銷科技」網站（Martech Today）上發表一篇名為〈數據導向行銷長的崛起：如何把績效最大化〉[1]的文章，他宣稱，領導這種轉變「不僅意味著參考資料點，來證實策略決策，還意味著實施嚴格的流程，與合適的技術夥伴合作，並專注於企業可以解決消費者真正的問題。」

　　為了成功領導團隊實現數據至上的行銷轉變，需要得

1　The Rise of the DD-CMO: How Data-Driven CMOs Are Maximizing Performance

到行銷最高領導階層的支持和認可。2020年，大衛‧沃可（David Waller）在《哈佛商業評論》的〈創造數據導向文化的十個步驟〉[2]一文中提出：

擁有強大數據導向文化的公司，高層管理者往往會期望決策必須以數據為基礎，這對他們來說是常態，沒有什麼好新奇或例外的。他們以身作則……這些做法會向下傳播，因為希望被認真看待的員工，必須按照高層領導者的方式和語言，與他們溝通。少數高層所樹立的榜樣，可以促進全公司的規範出現重大的轉變。

行銷領導者為行銷團隊制定規範——傳播數據至上的行銷，把這種行銷方式變得系統化，確保整個行銷團隊都會採用。

對於行銷長而言，在整個行銷組織中採用和執行數據至上的行銷，將帶來更大的前景：讓自己在策略計畫中占有一席之地。根據《富比士》雜誌的報導，行銷貢獻了50%的企業價值，但如今大多數行銷長並沒有參與公司的策略方向和決策計畫。

2　10 Steps to Creating a Data-Driven Culture

　　但是，現在有機會改變這個現實狀況，也就是透過支持數據至上的行銷，並向最高層主管提供了解行銷貢獻和價值所需的資訊，從而改變高層對行銷及其組織價值的過時觀念。在勤業眾信會計事務所（Deloitte）2019年的一項研究中，只有17％的最高層主管表示，在這一年中與行銷長合作過。但是，去接觸最高層主管，與他們建立聯繫、合作，並建立相互關係，這個責任落在行銷長身上。

　　在建立這種關係的工作中，執行長可以成為真正的盟友。在2019年麥肯錫公司的一項研究中，有83％的執行長表示，行銷長擁有成長的議程表。如圖9-1所示，「勤業眾信洞見最高層主管調查」[3]發現，在所有最高層主管中，執行長對行銷長的評價始終是最高的。用可衡量的資料向執行長說明情況，並爭取執行長當你的支持者，在公司規劃時占一席之地。

　　工具和技術能替你做的最多不過如此，你將需要的行銷人員是會擁護數據至上的原則。正如蘋果公司的創辦人賈伯斯所說：「技術不重要，最重要的還是對人有信心，他們基本上是善良和聰明的，如果給他們工具，就會完成奇妙的事情。」只有在團隊成員能力強大時，你的團隊實

3　Deloitte Insights C-Suite Survey

對行銷長績效的觀感與現實：行銷長的表現沒有他們想像的那樣糟糕

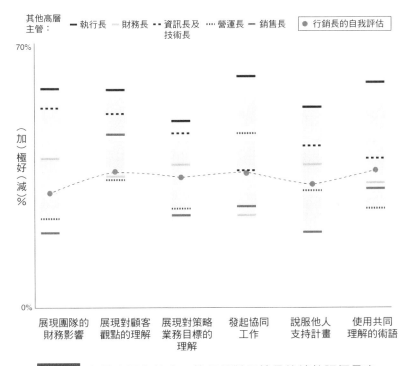

圖 9-1 在最高層主管中，執行長對行銷長的績效評價最高

資料來源：勤業眾信會計事務所

力才會強大，但是你的行銷團隊有合適的成員嗎？他們是否欣然接受分析和持續改進呢？

　　首先，你需要評估你現有的團隊。你當前的團隊是否已經具備正確的技能和思維，來進行數據至上的行銷？也許你有一些團隊成員可以接受培訓，來獲得必要的技能。

或者，你需要雇用新的員工，來幫助你實現數據至上的行銷目標？

▌評估現有團隊

　　每年的超級盃還沒結束前，美國NFL（國家美式足球聯盟）就開始注意下一個賽季了。從2月下旬開始，聯盟會開始啟動選秀活動，從聯合測試營（NFL scouting combine）開始。來自世界各地的潛力新秀匯聚一堂，參加各種技能挑戰賽，向球探和球隊總經理展示他們的能力。雖然球探可能已經在上個賽季看到了大學球員的進步，但聯合測試營讓球員有機會在現場展示自己的能力。

　　然後，球探和總經理會把數據帶回去審查，為4月份的NFL選秀做準備。就像《魔球》中的棒球例子，總經理必須評估自己球隊缺乏的技能。他們需要填補哪些位置？四分衛，還是防守邊鋒？球隊需要什麼技能才能成功？進攻鋒線能夠保護四分衛嗎？總經理們掌握了他們的需求和從聯合賽取得的數據，就會決定在選秀中挑選哪些球員。

　　在建立行銷團隊時，我們面臨著同樣的挑戰。但是，我們的團隊通常包含多種類型的成員。你的行銷團隊可能

由內部人員、外部自由工作者和代理商組成。當行銷團隊把注意力轉移到專注於實現業務目標，以及準確測試和衡量工作上時，有哪些角色需要改變或填補呢？我們有哪些角色？他們的技能是什麼？缺少了什麼技能？

在數位行銷中，評估團隊的技能尤其困難。在評估團隊成員及其技能時，請記住：大多數數位行銷人員都是靠自學或在工作中學習技能的。在〈學術界的數位行銷狀況：行銷課程對數位化破壞的反應研究〉[4]中，數位行銷領域教授和曾從事數位行銷的史考特・考利（Scott Cowley）博士及其他合著者，研究了美國大學院校傳授數位行銷的情況。考利的研究回顧了國際商學院促進協會（AACSB）認證的所有大學商業課程。在529所經認證的商學院中，大多數（56％）僅提供一門或兩門數位行銷課程，而27％則完全沒有提供數位行銷課程。此外，只有6.3％的學校要求把行銷分析課程當做行銷學位的必修課。

這種應屆畢業生的數位行銷培訓的現實狀況，給行銷經理和領導階層帶來了非常實際的問題。儘管有些員工可能會透過各種經驗，逐步培養出強大的數位和數據技能，

4　The State of Digital Marketing in Academia: An Examination of Marketing Curriculum's Response to Digital Disruption

但與傳統的大學教育相比，培訓和指導的重任愈來愈落在公司和管理階層的身上。

評估硬技能和軟技能

除了在大學階段不一定會涉及的硬技能外之外，做為一名數據至上的行銷人員還需要軟技能，尤其是批判性思維的能力。在美國的薪資軟體和數據公司 Payscale 於 2016 年進行的一項調查中，有 60％的招募經理把批判性思維列為應屆大學畢業生中最普遍缺乏的軟技能。《華爾街日報》2017 年的一項分析進一步證實了 Payscale 的調查結果。《華爾街日報》審查了 200 所大學的大一和大四學生的標準化考試成績，發現一些最著名大學的一般畢業生，在四年中幾乎沒有（或根本沒有）顯示出批判性思維的進步。

我自己身為一名雇主，我已經在自己的機構裡雇用了數百名應屆大學畢業生，我（合著者珍娜）同意這個結論。遺憾的是，當今大多數教育都要求學生記住，並重複事實，但這並不能解決他們的問題：缺乏解決問題和批判性思維的能力。然而，與硬技能相比，軟技能更難傳授。軟技能是可以透過多種方法來教的，例如輔導、培訓和領導力。但是，愈來愈多的證據顯示，軟技能是決定人們培訓

的潛力、學習的潛力和可受指導能力的關鍵因素。

　　在你評估每名團隊成員在組織中進行數據至上的行銷轉型時，請在所需的技能組合中，尋找硬技能和軟技能的人員，如下表所示。

硬技能	軟技能
知識和經驗／專長：	● 好奇心
● 數位平台	● 批判性思維
● 熟悉 Excel	● 解決問題
● 會使用數據分析平台，例如（Google Analytics）	● 韌性
● 會 HTML	● 適應能力
● 溝通	● 誠實／正直
● 寫作／編輯	● 調查的思維
	● 尋求幫助的能力
	● 成長心態

　　硬技能可能更容易評估；如果員工了解如何正確使用數位平台或 Excel，那麼只要透過測試和執行，硬技能是可以很清楚地看出來的。但是該如何評估員工的軟技能呢？ Zarvana Resources 是一個生產力的應用程式，提供培訓和輔導服務，它具有寶貴的路線圖，可幫助你評估員工的批判性思維能力（見圖 9-2）。

　　在評估了員工的硬技能和軟技能之後，你就能把行銷團隊的成員分類為 3 種類型：

Tips1 具備所需技能。

Tips2 不具備所需的技能，但可以透過培訓／輔導來
發展技能。

Tips3 不具備所需的技能，無法接受培訓。

批判性思維路線圖

	初級	中級	中高級	高級	門檻
執行	理解並可以重述指令。	全面完成任務（即完成所有要求的任務）。	以其職位可接受的品質水平，完成任務。	按時完成任務。	對於如何改進或補充工作，提出建議。
綜合	辨識出所有重要的見解。	排除所有不重要的見解。	準確評估重要見解的相對重要性。	清晰、簡潔地傳達重要見解。	確定見解對未來工作的影響。
推廣	在分享最新消息或要求意見時，始終提供建議。	在自己提出的建議有潛在缺點時，表現出充分理解的態度。	針對自己提出的建議，表現出願意考慮其他幾種的替代方案。	以有力、合理的理由，支持建議。	對於不屬於自己的工作，提出合理的建議。
產生	想出高價值的工作，而且是並非從他們已經在做的事情中，順理成章會想出來的工作。	想辦法回答主管的疑問，但不知道答案的問題。	把主管和其他人的願景轉變為實現願景的可行計畫。	產生自己的願景，並以令人信服、易於理解的方式，把願景傳達出去。	幫助他人產生、闡明和增強其個人的願景。

圖 9-2 線上課程與輔導服務公司 Zarvana 的批判性思維路線圖

資料來源：Zarvana

第一類：具備所需技能

那些已經具備所需軟／硬技能的人，正是你需要的行

銷人員，他們可以幫助你樹立榜樣，調整行銷組織的標準。當你以數據至上的行銷方法培訓這批人時，期待他們成為你的導師和其他需要更多發展員工的種子教練。了解每位員工的最大優勢，以便在整體組織結構和推廣中，把他們的作用發揮到最大。

第二類：有某些技能，但需要培訓或輔導

在你評估團隊時，你可能會發現有些團隊成員擅長執行某些任務，但可能還沒有立即做好數據至上行銷的準備。在這種情況下，你最好制定一個計畫，對這些員工進行培訓和指導，讓他們為數據至上的行銷方法做準備。特別是，我們發現許多團隊成員可能會把任務執行地很好，表現出對特定工具或平台的熟練程度；但是，約有90％的人缺乏處理數據至上行銷的軟技能。你應該培訓和輔導他們，還是應該從頭開始培養新的團隊成員呢？

2016年，美國人力資源管理協會（SHRM）發現，平均雇用一名新員工的成本為4,129美元，耗時42天。那是一筆可觀的投資，且這還只是培訓之前的成本。新人們要花上一段時間才能達到預期的生產力，這是雇用新員工的另一項隱性成本。在一項調查中，人力資源專業人士反應，一名員工可能需要長達八個月的時間，才能達到完全

的生產力。身為管理者，如果我們可以透過培訓和輔導來培養原本的人才，而不是另尋新人，那麼我們團隊成功的成本會更低，速度會更快。

　　為了提高硬技能和軟技能中的其一或其二，與員工溝通改進計畫，並衡量改進情況，這點很重要。這個計畫不一定要像「績效改進計畫」（performance improvement plan）那樣令人生畏，因為員工往往會對其持負面看法。如果你的組織定期進行績效考核，則這些考核應為員工提出明確的目標，以促進他們的職涯發展。除了在績效考核中明確說明這些目標外，還應透過具體、書面記載的培訓計畫，來支持這些目標，並由指導和輔導計畫來支持。

　　如果員工缺乏硬技能，通常可以透過培訓、輔導和練習，來加以改善。例如，如果某位員工在使用Google Ads時，犯了錯誤，Google提供全面、且免費的線上認證培訓。考慮讓該員工完成（或重修）Google Ads認證流程，並通過認證考試。然後，讓該員工搭配一名對Google Ads經驗熟練的經理，讓經理幫助輔導該員工，並在需要時充當導師。給該員工一些Google Ads帳戶來管理，讓經理與該員工一起用「蘇格拉底法」，以確保該員工了解

5　一種哲學質詢的形式，通常有兩個人在對話，其中一個帶領整個討論，另一個因為同意或否定另一人，而提出一些假定。

Google Ads行銷活動的目標，以及要採取哪些步驟來實現這些目標——應該選擇哪個目標市場？廣告文案的訊息應該是什麼？要呼籲的行動是什麼？

　　我們發現，大多數經驗豐富的員工並不缺乏硬技能，而是缺乏軟技能。會造成這種情況，部分原因是大學缺乏軟技能的培訓和準備，而大學畢業後也沒有做好管理的訓練。好的管理者可以發現員工軟技能的優點和缺點，並嘗試輔導他們，來獲得正確的結果。但是，與硬技能不同的是，如何幫助員工培養更好的批判性思維能力這一點，未必有明確的方向。回到前述Zarvana公司的指導方針，一旦你確定了員工在關鍵技能路線圖上的位置，就可以設計有意義的練習，來提高員工的批判性思維能力（見圖9-3）。

　　珍娜經常能立即發現輔導的機會。例如，她每月與團隊舉行一次策略會議，在會議期間，她要求團隊分享客戶在上個月的兩個正面改進案例，以及他們遇到的兩個挑戰。正面評價讓團隊能夠讚揚成功，並辨識出可能進行開發的案例。這也讓團隊確定我們身為代理商在過去一個月為該客戶提供的價值。然而，會議的真正關鍵在於挑戰部分。當團隊分享他們可能會遇到的困難時，身為資深行銷人員的珍娜幫助他們提出想法，這些想法可能會幫助他們找到問題的根源和可能的變通方法或解決方案。

批判性思維培養練習

	初級	中級	中高級	高級	門檻
執行	要求他們在開始之前，重述你給他們的每項任務。	讓他們把任務分割成子任務。在開始工作之前，先核准子任務。	示範優質的工作例子，並引導他們了解其中的差異。	要求他們估計每個子任務的時間長度，並將每個子任務添加到他們的行事曆中。	要求他們分享認為下一步應該做的事情，或者可以做得更好的事情。
綜合	給他們很多機會做低風險的綜合工作。	要求他們重新審查，並削減他們已經寫好的綜合/摘要報告的25-50%。	讓他們進行資源受限的思想實驗（例如，如果你只能分享一個見解，如果你只有5分鐘，該怎麼辦）。	在報告最新狀態時，請他們先簡潔地分享見解；若他們不願意，就打斷他們的報告。	讓他們總結內部、低風險的團隊會議。
推薦	在回答問題之前，一定要問他們自己的想法。	他們提出建議的理由後，請他們提出反對建議的理由。	提出建議時，要求他們按照推廣程度，依序提出2至3項的建議。	讓他們以視覺化的方式，表達建議背後的邏輯（例如使用邏輯模式的形式）。	在團隊會議期間，問他們認為別人的工作應該怎麼做，並讓他們回答別人的問題。
產生	告訴他們針對團隊、專案和（或）組織的想法寫一份清單，並定期分享。	當你遇到工作中的障礙時，把解決障礙的工作交給他們去做。	只是分享你對專案的願景，並讓他們制定計畫，實現願景。	定期問他們：在一年、三年後，你希望這個部門/組織處於什麼樣的位置？	讓他們指導經驗較少的新領導者。

圖 9-3 線上課程與輔導服務公司 Zarvana 的批判性思維培養練習

資料來源：Zarvana

　　最近有一名新畢業生加入我們的公司。在幾次數位廣告客戶的策略會議上，當他陳述上個月的正面評價時，他往往會強調客戶的廣告曝光次數比上個月多。雖然曝光次數更多，確實意味著該客戶的品牌曝光度增加，但**我們**是否為客戶創造了價值？還是增加的曝光次數，只是客戶當月預算增加的附加影響？

　　身為一名剛畢業的大學生，他從未真正被教導過，曝光次數其實高度受到平台和行銷活動支出的影響，他也還沒有真正意識到價值指標對客戶的重要性。客戶**真正**在意的是什麼？可能不是曝光次數，而是我們如何提高轉換率和降低每次轉換費用。像這樣的時刻，既可以幫助你發現培訓和輔導的機會，也經常能立即為軟技能和硬技能提供輔導。

第三類：沒有所需的技能，且無法接受培訓

　　但是，不要讓美國人力資源管理協會對於新員工的成本和時間的數據嚇到你，不要害怕對屬於第三類的團隊成員做出痛苦的決定，這些成員沒有所需的技能，並且無法接受培訓。就像在《魔球》中一樣，有時候我們必須裁掉那些不再適合團隊未來發展的成員。正如比利·比恩告訴徒弟保羅·迪波德斯塔的那樣，解雇不是針對個人；「這是工作的一部分。」

　　鮑勃·普里切特（Bob Pritchett）在他的《今日解雇某人》（*Fire Someone Today*）一書中，分享了一個他必須解雇員工約翰的故事。他曾嘗試把約翰調到公司所有可能的部門，但約翰似乎到哪個職位的表現都不理想。普里切特知道，他必須解雇約翰，但他擔心約翰的生計。約翰要

如何繳帳單，如何養家糊口？最終，普里切特痛心地做出決定，解雇了約翰，後來他發現，被解雇這件事實際上激發了約翰去評估自己的人生，並去追求當傳道人的夢想。普里切特寫道：「我愚蠢地想為約翰負責，在我清楚地知道他被擺在錯的地方之後，我還害他遠離了他真正的呼召，長達一年之久。」

解雇員工絕非易事。但是，如果你知道這名成員不合適，那麼對於行銷團隊和該名員工來說，能體認到這一點，並做出必要的改變，情況會更好。

雇用合適的團隊

在召集數據至上的行銷團隊時，你可能需要結合內部和代理商的資源。2019年行銷代理商Spear Marketing Group的一份報告評估了「行銷人才緊縮」的情形，在對超過10,000名B2B行銷人員的調查中，發現了以下兩個主要問題。

Tips1 為我們公司的職位空缺找到合適的人比較困難。

Tips2 公司把我們（以及其他服務提供者，包括承包

　　商和自由職業者）當做臨時和永久的替代方
案，以取代雇用全職員工。

　　如圖 9-4 所示，接受調查的受訪者還指出，目前最難
招聘的技能是「行銷分析」。
　　與代理商合作可以幫助組織填補內部難以招聘到的行
銷技能缺口。在你需要特定的專業知識來完善團隊的特定
領域，可以考慮把代理商加入你的行銷組合中。

哪些行銷技巧是最難招聘到的？（選擇所有符合情況的）

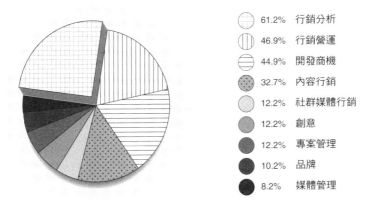

61.2%	行銷分析
46.9%	行銷營運
44.9%	開發商機
32.7%	內容行銷
12.2%	社群媒體行銷
12.2%	創意
12.2%	專案管理
10.2%	品牌
8.2%	媒體管理

圖 9-4　行銷分析是最難招聘的職位

資料來源：Spear Marketing Group Report 2019

對團隊進行培訓

一旦你召集到合適的團隊，就需要用數據至上的行銷方法，對他們進行培訓，包括在第八章中詳細介紹的行銷活動框架。這意味著幫助團隊重新建構他們當前的行銷方法，並採用新的方法論和新的思維方式。大衛・沃可在《哈佛商業評論》關於打造數據導向文化的文章中提出：「建立以數據為重的業務，最大障礙不是技術，而是文化。描述如何把數據導入決策過程是很簡單的，但對於員工來說，把這一點變成常態，甚至是自動的，要難得許多，因為思維的轉變會帶來令人怯少的挑戰。」你要如何開始改變既有的行銷思維呢？

獲得正確的思維

科學家麥可・法拉第（Michael Faraday）說：「沒有什麼比自以為是更可怕的。」即使是我們當中最有經驗的人，也要慢慢地不斷學習和發展。正如成長和終生學習是科學家取得新發現的必要條件一樣，行銷人員在職業生涯中，也必須不斷改進自己的工作方法。

1988年，卡蘿・德威克（Carol Dweck）博士提出了一種以研究為基礎的模型，說明了心態對追求和實現績效目標的影響。德威克提出了兩種基本的心態：**定型和成**

長。在定型的心態下，個人渴望表現出很聰明，但卻避免挑戰，忽略有用的負面反饋，並感受到他人成功的威脅。結果，那些定型心態的人很早就進入了學習高原[6]，無法充分發揮全部潛能。相反的，那些有成長心態的人會接受挑戰；面對挫折時，堅持不懈；從批評中吸取教訓；並從他人的成功中汲取寶貴經驗和靈感。最後，具有成長心態的人會獲得更高的成就。

在面試求職者時，我們經常會問面試者一個問題：「你為什麼想在這裡工作？」，好了解我們公司有什麼地方吸引他們。當然，我們經常聽到制式化的答案，但我們要找的是真正對我們公司和我們的工作感興趣的人。有一次，我面試一位大學生，他要應徵我們公司搜索引擎優化的基層職位，我（合著者珍娜）問了這個標準問題，他的回答是：「身為搜索引擎優化方面的專家，我想將自己的專業知識帶給公司。」

雖然這可能是吸引某些公司的綜合答案，但這名學生在應徵搜索引擎優化機構的職位，並且面試他的是一位有二十多年經驗的搜索引擎優化專家，我們的面試就到此結束。這名學生甚至還沒有獲得學士學位，就已經認為自己

6　意指在學習上無進步也無退步。

是搜索引擎優化的專家了。他的答案就是我們需要辨識他對搜尋引擎優化的心態，而他是「定型」的心態。

表現出你是哪種心態的特質，可能會因為從事的活動不同，而有所變化。但是，對於行銷人員而言，擁抱成長心態是極為重要的，這樣才能充分發揮我們自己和團隊的潛力，實現我們的目標。那麼，在行銷方面，我們該如何改變自己的心態呢？關於改變心態的多種根本原因顯示，一個人必須願意接受新的挑戰。使用諸如科學方法等既定流程，並將其內化，替行銷組織促進變革。

如果我們重新審視「數據至上行銷成熟度模型」（圖9-5），你會注意到最成熟的「數據至上」行銷團隊已經實現了「數據至上」的心態。他們尋找機會進行測試，來挑戰自己的假設，這種心態在行銷團隊中也是隨時可見的。

改變從高層開始。你如何把公司的環境打造成，能夠促進行銷成長和數據至上的心態，並接受科學方法等既定的測試過程呢？其中一個關鍵是創造一個「接受失敗」，並從中學習的環境。請記住：成長的心態會接受挑戰，並會從批評和失敗中學習。透過你的行銷領導力，以及你鼓勵和教導團隊的方法中，培養一個鼓勵這樣學習的環境。

你可以思考一下莎拉‧布蕾克莉（Sara Blakely）分享的方法，她成立了女性內衣公司Spanx，並成為億萬富

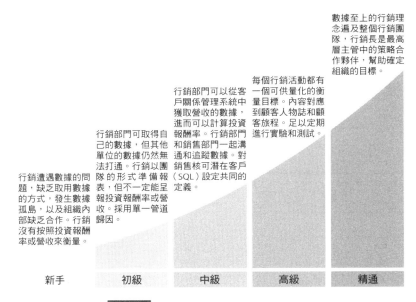

數據至上的行銷理念遍及整個行銷團隊，行銷長是最高層主管中的策略合作夥伴，幫助確定組織的目標。

每個行銷活動都有一個可供量化的衡量目標。內容對應到顧客人物誌和顧客旅程。足以定期進行實驗和測試。

行銷部門可以從客戶關係管理系統中獲取營收的數據，進而可以計算投資報酬率。行銷部門和銷售部門一起溝通和追蹤數據。對銷售核可潛在客戶（SQL）設定共同的定義。

行銷部門可取得自己的數據，但其他單位的數據仍然無法打通。行銷以團隊的形式準備報表，但不一定能呈報投資報酬率或營收。採用單一管道歸因。

行銷遭遇數據的問題，缺乏取用數據的方式，發生數據孤島，以及組織內部缺乏合作。行銷沒有按照投資報酬率或營收來衡量。

| 新手 | 初級 | 中級 | 高級 | 精通 |

圖 9-5 數據至上的行銷成熟度模型

翁。她把自己的成功，部分歸功於她爸爸每天晚上問她的一個問題。有些父母滿足於問孩子：「你今天過得好嗎？」或「你今天在學校學到了什麼？」但是在布蕾克莉家則不然。莎拉和她的弟弟每晚都要回答父親的問題是：「你今天在什麼地方失敗了？」

如果他們沒有述說失敗的情況，布蕾克莉的父親會感到失望。布蕾克莉告訴美國有線電視新聞網CNN的主持人安德森‧古柏（Anderson Cooper）說：「我爸爸所做的，是為我和弟弟重新定義失敗。與其把失敗看成是結果，失

敗變成是沒有努力。而且這迫使我年輕時，就想把自己從
舒適圈推向更遠的地方。」

好消息是，我們的大腦其實有一個系統，在任務執行
過程中，下意識地對微失敗做出反應，並將這些「微失敗」
直接與改進聯繫起來。事實上，一項針對所有科目平均分
數較高的大學生的研究，發現了一個更為明顯的聯繫。在
遭遇失敗時，他們的大腦會發出信號，所以他們可以調
節，並改善自己正在進行中的表現。

招聘新員工

近十年來，珍娜在「Google 線上行銷挑戰賽」（Google
Online Marketing Challenge）中，替大學行銷科系學生客
座授課和輔導。這是由 Google 舉辦的官方比賽，讓大學
生能有實際的經驗，使用 Google Ads 平台，替實際客戶
進行操作。在 21 天的時間裡，學生會獲得 250 美元的
Google Ads 費用額度，可以為客戶展開行銷活動，並學習
如何使用該平台。

做為挑戰的一部分，學生撰寫了一份行銷活動前的策
略計畫書和行銷活動後的總結。兩份文件分別在行銷活動
之前和之後的 21 天撰寫，幫助學生預測他們的目標，然
後評估這些目標是否真正實現。不可避免地，有鑑於學生

幾乎沒有制定數位行銷目標的經驗，因此許多活動前的策略計畫書都有狂妄、不切實際的期望。大學生可能之前連投資報酬率都沒有計算過，從而嚴重誇大了營收的預期。

　　在一份針對一家冰沙吧的報告中，比賽團隊表示，他們將透過行銷活動產生以下結果：

曝光次數	10,000
平均點擊率（CTR）	2.0 %
平均每次點擊成本（CPC）	$0.40
預算	$250.00
銷售	$875.00
投資報酬率（ROI）	250%

　　冰沙吧中價格最高的商品是8.75美元。這意味著團隊期望實現以下結果（我們推算的數據網底顏色為灰色）：

曝光次數	10,000
平均點擊率（CTR）	2.0%
點擊次數（曝光次數 x 點擊率）	200
平均每次點擊成本（CPC）	$0.40
預算	$250.00
實際支出（每次點擊成本 x 點擊次數）	$80.00
銷售	$875.00

假設的轉換量——最低（銷售／產品價格）	100
假設的轉換率（轉換／點擊）	50.00%
假設費用／轉換（實際支出／轉換）	$0.80
投資報酬率（ROI）	250%

　　雖然學生確實正確計算了投資報酬率，但對於為期三週的行銷活動來說，他們875美元的營收預期太高了，而且他們最多只能獲得250美元的預算。而且他們要如何衡量實際營收呢？他們怎麼知道他們的行銷活動是產生營收的原因呢？

　　這個例子說明了：為什麼這樣的練習對行銷科系的學生很有幫助。我們這家代理商後來加入，與學生團隊一起研究他們的專案，提供我們的經驗，這些經驗是他們可能沒有在課堂上得到的，用來幫助他們明白他們在邏輯和測量方面的落差，進而充分理解公司在數位廣告方面的目標。在我們輔導學生參加挑戰賽的十年中，詹姆斯麥迪遜大學的團隊兩次獲得了全球競賽的最高獎項，四次獲得了美洲競賽的最高獎項。

　　正如之前史考特·考利對商學院的研究中顯示，商學院連開設一門數位行銷課程的情況都很少了——不要以為你直接從大學或研究所相關科系畢業生聘請來的員工，已

經學會了必要的數據分析技能，可以將數據轉化為有用的資訊。

就像我們在 Google 挑戰賽班上的經驗一樣，這群人仍然需要進一步的培訓和輔導，以了解對企業來說很重要的衡量標準，以及如何務實地評估這些衡量標準和目標。他們根本沒有背景或經驗，不知道如何做出這些預測，或評估當中的含意。這就是為什麼他們需要行銷的高層進一步培訓和輔導，才能在數據至上行銷方面取得成功。讓新員工與你表現成功的現有管理者和團隊成員搭配，為他們提供最好的成功機會。

在招聘新員工時，經驗真的是最重要的。但也要注意，你不能光相信履歷上列出的多年經驗，就以為等同於知識和成功。

在增添新的行銷團隊成員之前，要評估他們的數據測量經驗。要深入詢問求職者有關這方面經驗的問題，以及對方的努力如何改善業務結果。雖然你當然可以根據過去的表現和感受到的專業知識，雇用行銷團隊成員，但要知道，你仍然需要在數據至上的行銷過程中，對有經驗的新員工進行輔導和培訓。

與行銷團隊一起，把數據至上的行銷變得有條有理

要確保在整個行銷組織中，灌輸數據至上的行銷流程，這方面需要整個系統的改變。我們已經用了三個主要的步驟，來說明團隊採用和接受數據至上的行銷方法。

1. 溝通與培訓

首先，行銷團隊了解數據至上的行銷流程及其目標，這點極為重要。與你的行銷團隊分享「數據至上的行銷活動框架」。注意該框架如何具體改變你當前的流程。討論數據至上行銷的重要性，以及它將為組織和行銷團隊帶來哪些好處。

培訓不光只是播放一段幻燈片簡報，良好的員工培訓包括溝通和教育，以及實踐和精通。某些培訓可以透過第三方獲得，例如各種平台的認證培訓課程。但是，其他培訓可能需要在你的組織中用自訂的方法。

2. 建立文件化流程

為了繼續鞏固以數據至上的行銷，你需要把培訓中講

到的框架，植入你的行銷流程中。這樣既增強了框架的重要性，又能讓團隊成員每天積極地實踐框架。使用專案管理工具，我們每個月都可以根據需求調整，並要求每個客戶小組執行某些任務。專案任務清單類似於要為該客戶完成的項目檢核表，使用這種形式的文件化流程，還可以慢慢地強化流程。

無論你是使用專案管理工具來建立流程清單，還是採用其他方法，都要想辦法將流程記錄下來，並按照團隊成員的角色，來定義流程中的責任。例如，內容行銷團隊成員可能負責行銷活動框架的內容階段，但是為了讓數據至上行銷發揮作用，這些內容資產不能無中生有。內容行銷人員還必須與團隊的策略規劃人員和數據分析師分擔任務，以確保他們在行銷活動框架中的步驟，在整個行銷活動中取得成功。

3. 將期望和數據納入員工考核中

把某些測量指標納入員工考核中，可以將這些測量指標提升為員工目標。評估「硬技能」一般可以採用這種方法，進行量化測量。不過要補充一點，在考核過程中設定量化目標，並把這些目標記錄下來，也很重要。例如，最近加入 Google Ads 管理團隊的大學畢業生，必須在一定

的期間內,考取 Google Ads 認證。我們設定了這個目標,與員工討論,並在下一次績效考核中審查目標的狀況。

但是,目標的量化測量也應該對應到你希望在行銷組織中創造的思維方式。例如,要改變當前對於 A｜B 測試和實驗的思維,可以考慮在員工的考核中加入這個衡量標準。設定具體的目標,例如 A｜B 測試要進行的目標數量,以鼓勵要測試的思維。

評估「軟技能」通常更屬於質化測量,而非量化測量。對於這些技能,你可能希望透過 360 度反饋過程,來徵求團隊的反饋。我們已經透過調查軟體的反饋表,讓不同的團隊成員評比該團隊成員的各種軟技能,例如批判性思維。

但是,並非所有員工都知道如何提供有效和有用的反饋。為了幫助解決這個問題,我們使用《提供有效反饋意見》(*Giving Effective Feedback*,《哈佛商業評論》的 20 分鐘管理者系列)一書,對員工實行了反饋的培訓。

管理大師彼得‧杜拉克曾經說過:「如果事物無法衡量,就無法改善。」因此無論採用哪種方法,都要把「數據至上的行銷活動框架」之要素,納入員工的發展和考核中,以強調其重要性,並評估他們對這些要素的採用和改進情況。

授權給你的行銷團隊

最好的領導者會賦予他人權力。一旦你在以數據至上的行銷過程中，召集並培訓了你的團隊，重要的是要授權他們，讓他們能夠對自己的分析採取行動。

2018 年，「富比士洞見」網站發表了一項名為「數據與巨人」（Data vs. Goliath）的研究，調查了年營收超過 10 億美元的國際公司業務主管。這些都是大型、非常成功的公司，有資本進行正確的投資。接受該調查的主管中，有 54％ 的人表示，他們的願景是，「員工透過分析發現的機會，並採取行動，就會得到獎勵」。此外，有 47％ 的人表示，「理想的數據導向企業能夠讓所有員工都成為數據分析師，而且在做出數據導向的決策時，需要受到的監督較少」。

一旦行銷團隊接受了數據至上行銷的培訓，（重新）建立了流程和團隊的考核標準，行銷團隊就可以在受到較少監督的情況下，處理數據至上的行銷活動。但是，這並不意味著，行銷主管可以組成一個團隊後，就認為應該完全不用做監督。相反的，在審查和批准數據導向的決策中，管理層仍需要發揮作用。在某種程度上，這也為經驗更豐富的經理提供了機會，讓他們在發現數據錯誤或矛盾

時，可以輔導員工。在「富比士洞見」的調查中，絕大多數的主管也只有在經過管理者的諮詢或批准後，才允許對數據見解採取行動。

在你賦予員工權力時，可以考慮在數據至上的流程中，添加審查和諮詢機制。賦予員工權力，並不等於忽視他們和他們的工作。相反的，用正確的方式執行積極的管理，可以賦予員工權力，並引導他們做出正確的結論。布魯斯‧塔爾根（Bruce Tulgan）在其著作《你還在用錯誤的方式管人》（*It's Okay to Be the Boss*）中提出了一種方法，而我們在自己的機構中也採用了這種方法。有好的主管才有好的員工，而塔爾根的方法建議，每天要主動管理員工。

我們採用並調整了他的方法，但是員工仍然每天與主管進行簡短的會議，以確保他們按計畫工作。我們還採用每月一次的策略會議，這讓身為機構負責人的珍娜可以聽取每位員工的意見，並評估他們對客戶資料的掌握情況。這些策略和主管會議也為資深員工提供了立即輔導員工的機會，引導他們做出正確的數據結論和行動。

無論你採用什麼樣的管理流程，都要確保你定期主動地管理員工。這將幫助你持續地評估他們的技能，讓你在他們採取行動之前，幫助他們改進。

馬上開始！

　　要想把組織轉變為數據至上的行銷模式，請從以下三個步驟開始。

1. 努力與最高層主管建立夥伴關係

　　要真正實現數據至上的行銷，你需要了解組織的業務目標。但除此之外，數據至上的行銷還能為行銷部門和行銷長提供機會，使他們成為能帶來成長的領導者和主要貢獻者，因為他們讓整體策略能實現組織的目標。透過把最高層主管納入你的策略和規劃中，並與他們分享對每個同事都很重要的指標，你將獲得組織的信任、認可和支持。

2. 建立你的行銷團隊

　　評估你的團隊。他們是否是實施數據至上行銷的合適人選？還有哪些部分會有落差？評估團隊，並對成員進行分類，以了解哪些團隊成員可以領導數據至上的行銷計畫，哪些成員需要輔導和培訓。在技能有明顯落差的方面招聘新員工，並考慮採用內部人員和外部代理商混合的方法，以確保你們在數位行銷快速發展的過程中，始終擁有最新的專業知識。

3. 讓數據至上的行銷方法制度化 ─────────

　　透過交流和培訓，教育並告知團隊有關數據至上的行銷方式。透過流程的改變，來強化和實踐數據至上的行銷。追蹤進度，並透過員工目標的設定和考核，持續強調數據至上行銷的重要性。

結論
不改變想法的人，
什麼也改變不了！

　　如今，行銷人員面臨巨大的壓力，肩負著在數位市場上競爭和勝出的任務，並且常常因為短期的失敗，而遭受不公平的論斷。行銷長的同僚通常不認為行銷是制定公司發展策略的合作夥伴，甚至已經有組織開始用「成長長」代替「行銷長」，但是光是因為工作頭銜中有「成長」一詞，並不能保證會有成長的結果。

　　我們身為行銷人員，長期以來一直在鼓吹「數據導向」的行銷方式。本書提出的許多概念，可能看起來像是常識。但是，如果概念是這麼簡單，那麼行銷人員為什麼還沒有這樣做呢？

　　主要有兩個原因：我們已經很忙了，而且很難做。如果很容易，那麼每個人都已經在做了，並且會做得很正確。但是，現在你已經得到了具體的框架，得以重視和執

行數據至上的行銷活動，這讓你專注於用**對的人**、**正確的流程**、**正確的技術**、**正確的數據**和**正確的心態**，從而使你能夠實現業務目標。

　　透過改變行銷方式，把數據至上的行銷應用於人員、流程、技術、數據和思維方式，你將會開始改變對行銷的看法——把行銷從成本中心轉變為收入中心。行銷人員必須開始與最高層主管說「共同的語言」，並回報對每位主管都很重要的指標。請記住：大多數最高層主管在意的是**價值**指標，而不是**數量**指標。你的財務長不在乎你在 IG 上有多少個讚，你的財務長在意的是如何創造營收。

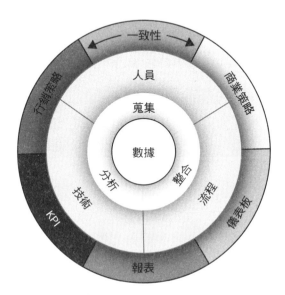

數據至上行銷的框架

　　講共同的語言，也意味著行銷人員不能認為，他們與銷售團隊的關係良好。很多時候，銷售和行銷團隊通常都認為他們是一致的，但是營收的測量顯示，他們沒有想像中的那麼一致。讓銷售團隊參與你的行銷計畫，就跟與組織中其他成員的做法一樣。與銷售部門密切合作，制定顧客旅程階段的共同定義。確保銷售可以提供你所需的關鍵數據，以實現業務目標，並證明投資報酬率和創造營收。

　　一旦你定義了所需的數據，你需要評估當前的行銷科技工具組合是否可以為你提供所需的見解。列出你的工具組合，你需要的數據可以在哪裡找到？你擁有哪些數據？有哪些漏洞會阻礙你去測量你想要的東西和你想要的方式？在蒐集數據時，要留意自己可能的偏見，例如「確認偏誤」。光是因為兩組數據看起來像是相關的，並不意味著其中一組數據絕對導致了另一組數據的產生。

　　有鑑於我們必須檢視，並與利益相關者分享所有這些數據，我們不僅必須考慮到**要分享哪些**數據，而且還要考慮到**如何**分享這些數據。我們的數據必須替目標對象編織一個有說服力的故事。想想要如何以視覺方式呈現數據，確保對方會檢視、吸收和接受數據。

　　你團隊中的成員是實現數據至上行銷轉型的關鍵。正如《魔球》告訴我們的那樣：擁有合適的團隊，並不一定

意味著要投入大筆的資金，而是應該把重點放在那些具有合適的硬技能、軟技能和心態的人身上，以應付行銷工作。你將需要批判性思考的人，也就是那些經常問「為什麼」的人。你可能還需要外部專家，例如代理商，來幫助你組成一支混合的團隊，能夠成功執行以數據至上的行銷原則。一旦你的團隊備妥，就可以透過培訓、**輔導**、流程和員工考核，來落實數據至上的方法。

　　要遵循數據至上的行銷活動框架，因為這是你團隊執行行銷活動各要素的指南，把**對的**數據放在策略、計畫和執行的最前方。數據至上行銷並不意味著你必須放棄創意和美感；相反的，它有助於創意團隊集中精力，把創意導向一個共同的目標。因此，要小心，別把形式置於功能之上了。漂亮的網站並不一定等於有效的網站，正如運動用品連鎖店「終點線」的例子（見第七章）。把你的工作對應到你與銷售共同定義的銷售和行銷漏斗上，產出大量的內容，卻沒有把工作對應到顧客旅程上的話，那麼你只是在浪費時間和金錢罷了。

　　總結一下，你馬上可以從下列事情著手：

1. 明白業務的目標，並欣然接受。
2. 重新建立行銷和銷售部門的相互關係。

3. 建立關鍵指標的呈報計畫。

4. 知道你需要什麼數據，來呈報這些關鍵指標。

5. 對應並評估你當前的數據來源，確保你能獲得所需的報表數據。

6. 判斷數據取得管道中存在哪些漏洞，並解決這些問題。

7. 行銷指標要保持一致，不應該因報表期間的不同而有所變化。

8. 實驗不同的圖形／視覺化風格。

9. 繼續嘗試。

10. 始終牢記最終目標，也就是業務目標。

11. 在行銷活動開始之前，確定行銷活動的目標，以及如何對它進行量化衡量。

12. 確定行銷活動合適的目標對象或購買者角色。

13. 確定與行銷活動和顧客旅程相符的內容，並選擇適合該人物誌的管道。

14. 測量、評估和調整你的行銷活動。

15. 努力與最高層主管建立相互和夥伴關係。

16. 以數據至上的行銷思維，建立你的行銷團隊。

17. 使數據至上的行銷方法在整個組織中制度化。

　　正如劇作家蕭伯納（George Bernard Shaw）所說：「不改變，就不可能進步；不改變想法的人，則什麼也改變不了。」持續改進是一種心態，也是一種執行力。你必須創造一個可供測試的環境，什麼都去測試。以你的團隊為基準，自己跟自己比。不斷努力進步，以實現業務目標，並在最終實現投資報酬率和營收。

　　即使你是一家小公司，也可以這樣做。實際上，你可能是更敏捷的，能夠快速行動。想想落魄的奧克蘭運動家隊，他們沒有大筆的預算去招募厲害的球員。他們利用數據，把情況變得對自己有利，且能夠與大聯盟中一些薪資最高的球員競爭，而你也可以透過數據至上的行銷比照辦理。

　　你已經掌握了你需要的東西，我們為你加油。

　　現在就去贏得勝利吧！

後記

（2020年5月1日）

當我們開始寫這本書時，「數據導向」這個詞仍然沒有在行銷中得到廣泛的運用，儘管它已開始獲得人們更多的關注，而且不僅僅適用於大型 B2C 公司而已。在我們現在所處的全球危機之中，「數據導向」的情況無處不在。科學家、地方首長、新聞主播等等，都使用數據來證明他們的行動合理，據此做出預測，並解釋世界的狀況。

對於我們所有人來說，這就像是上了數據力量的速成課程，既能誤導人，又能啟發人。前幾天，我們看到一張圖表，似乎顯示出新型冠狀病毒病例數量爆炸性增加，儘管有這些數據顯示，但該州即將開放理容店、紋身店和保齡球館的營業。似乎新聞主播用這張圖表來說明他的內容，而我們觀眾就應該相信——就好像在說：「我有一張

圖表，所以這一定是真的。」

那張圖表讓我們感到困擾的是，上面標注的方式讓觀眾看不到實際的數字，所以我們不知道圖表所使用的比例如何。這是從1到100，還是從1到2,000的指數級成長？在這種情況下，絕對的數字而非只是顯示的趨勢，肯定會讓觀眾對這個「數據導向」的決策，產生不同的看法。同時，該州州長一直在說，他正聽取醫生和科學家的意見，並使用數據來做決定。這可能是真的嗎？他指的是什麼數據？顯然，他知道他需要用數據來證明自己的行為，但是我們都學到的一件事，就是單單引用或顯示數據是不夠的。

在此期間，我們還收到了一家人力資源公司的主動推銷電子郵件，主題為「成本−52％；生產力＋73％；還能有比這更好的事？」電子郵件中並沒有任何地方實際解釋這些數字是怎麼來的，例如出自哪個研究或案例。對於這個銷售失敗的例子，光是拋出一些數字就可以明白。

在行銷和生活中，數據本身並沒有用，重要的是數據可以說明的故事。對我們所有人來說，當我們從故事出發，並拿數據來配合演出，這時候就會有危險。

為了能夠講出可靠的故事，你必須能夠信任自己的數據。也許智慧體溫計是數據用於公共衛生領域更好的例

子，把智慧體溫計綁定至手機應用程式，讓應用程式與集中管理的機構共享數據，可以產生即時的數位「熱點圖」，提供有關潛在新型冠狀病毒爆發的資訊。假設體溫計的讀數是準確的，那麼長期下來可以將這些數據與同一區域的讀數進行比較，顯示出重要的趨勢，這將給政府官員和醫院提前預警病例激增的需求。

最後，我們都需要成為更好的數據消費者，而身為行銷人的我們，則需要成為更好的數據「保存者」，靠著浮現出來的數據，講出正確的故事，這就是你做出數據導向的決策後，大放異彩的關鍵所在。

參考書目

Abdulmouti, Hassan. 2018. "Benefits of Kaizen to Business Excellence: Evidence from a Case Study." *Industrial Engineering & Management*. March 21, 2018.

Acunzo, Jay. 2018. *Break the Wheel: Question Best Practices, Hone Your Intuition, and Do Your Best Work.* Cambridge, MA: Unthinkable Media.

Allied Van Lines. 2013. "Allied HR IQ Announces Onboarding and Retention Results of 2013 Workforce Mobility Survey." http://www.prweb.com/releases/2013/10/prweb11260003.htm. October 23, 2013.

Allocadia. 2017. "Allocadia 2017 Marketing Performance Management Maturity Study." https://www.allocadia.com/wp-content/uploads/2019/04/All-Marketing

MaturityReport-2019.pdf?x91899.

　　Altify. 2017. "The Business Performance Benchmark Study 2017". Altify website. https://cdn2.hubspot.net/hubfs/ 398755/Business%20Performance%20Benchmark%20 Study%20-%20Executive%20Version.pdf.

　　Amazon. 2018. Formula 1 Case Study on amazon.com. https://aws.amazon.com/solutions/case-studies/formula-one/.

　　Ascend2. 2020. "Martech Stack Optimization: Strategies, Tactics & Trends." https://ascend2.com/wp-content/uploads/2020/01/Ascend2-MarTech-Stack-Optimization-Survey-Summary-Report-200122.pdf. February 2020.

　　Ascend2. 2018. "Measuring Marketing Attribution." https://ascend2.com/wp-content/uploads/2018/07/Ascend2-Measuring-Marketing-Attribution-Report-180702.pdf. July 2018.

　　Ascend2. 2018. "Account-Based Marketing Strategy." http://ascend2.com/wp-content/uploads/2018/01/Ascend2-Account-Based-Marketing-Strategy-Report-180108.pdf. January 2018.

Ascend2. 2017. "Content Marketing and Distribution." http://ascend2.com/wp-content/uploads/2017/06/Ascend2-Content-Marketing-and-Distribution-Report-170612.pdf. June 2017.

Barta, Thomas, and Barwise, Patrick. "Make Your Marketing Team a Revenue Center: 3 Tips." https://www.chiefmarketer.com/make-your-marketing-team-a-revenue-center-3-tips/. October 28, 2016.

Beal, Vangie. "single pane of glass" https://www.webopedia.com/TERM/S/single-pane-of-glass.html.

Belkin, Douglas. 2017. "Exclusive Test Data: Many Colleges Fail to Improve Critical-Thinking Skills." *Wall Street Journal*. June 5, 2017.

Bizible. 2018. "State of Pipeline Report | 2018." https://engage.marketo.com/rs/460-TDH-945/images/BZ-2018-State-of-Pipeline-Marketing-Report-Final.pdf

Blair, Adam. 2013. "Finish Line E-Commerce Hiccup Cost Retailer $3M in Lost Sales." *Retail Info Systems*. January 8, 2013.

Boudet, Julien, Cvetankovski, Biljana, Gregg, Brian, Heller, Jason, and Perrey, Jesko. 2019. "Marketing's moment is now: The C-suite partnership to deliver on growth." https://www.mckinsey.com/business-functions/marketing-and-sales/our-insights/marketings-moment-is-now-the-c-suite-partnership-to-deliver-on-growth. June 2019.

Briggs, Simon. 2019. "Revealed: How data analytics is giving top players like Federer and Djokovic another edge on their rivals." *Telegraph.* July 1, 2019.

Bysani, Praveen. 2019. "Dealing with Cognitive biases: A data scientist perspective." *Medium.* June 23, 2019.

Chamorro-Premuzic, Tomas. 2018. "Can You Really Train Soft Skills? Some Answers From The Science Of Talent." https://www.forbes.com/sites/tomaspremuzic/2018/06/14/can-you-really-train-soft-skills-some-answers-from-the-science-of-talent/#35db26f5c460. June 14, 2018.

Cherry, Kendra. 2019. "Bandwagon Effect as a Cognitive Bias." *Verywell Mind.* August 8, 2019.

CIO. 2020. "2020 State of the CIO Executive Summary." https://cdn2.hubspot.net/hubfs/1624046/2020%20State%20of%20the%20CIO%20Executive%20Summary™ uscore;Final.pdf.

CIO. 2019. "CIOs Embrace Strategist Charter as Digital

Business Matures." https://cdn2.hubspot.net/hubfs/1624046/State%20of%20the%20CIO2019_WP_final_online.pdf.

Dodd, David. 2018. "What Sales Needs from Marketing." https://www.business2community.com/b2b-marketing/sales-needs-marketing-01993345. January 17, 2018.

Drucker, Peter. https://www.brainyquote.com/quotes/peter_drucker_154444.

Dweck, C. S.; Leggett, E. L. (1988). "A social-cognitive approach to motivation and personality". *Psychological Review*. 95 (2): 256–273.

Edelstein, Stephen. 2019. "Formula One is adding cost caps in 2021, so teams are spending even more for 2020." *Digital Trends*. November 8, 2019.

Fernando, Dinesh. 2014. "Marks and Spencer's website redesign results in falling sales." *Web Growth Consulting website*. July 15, 2014. https://webgrowth.co.uk/marks-spencers-website-redesign-results-falling-sales/.

Forbes Insights and Treasure Data. 2018. "Data versus Goliath: Customer Data Strategies to Disrupt the Disruptors". Forbes website. http://forbesinfo.forbes.com/l/801473/2019-09-23/27jv/801473/8367/FI_Treasure_Data_Data_Versus_

Goliath.pdf.

Gehring, William J., Goss, Brian, Coles, Michael G. H., Meyer, David E., and Donchin, Emanuel. 1993. "A Neural System for Error Detection and Compensation." *Psychological Science*. November 1, 1993.

Geier, Ben. 2015. "What Did We Learn from the Dotcom Stock Bubble of 2000?" *Time*. March 12, 2015.

Godin, Seth. 2002. *The Big Red Fez: How To Make Any Web Site Better*. New York: Free Press.

Haupert, Michael, and Winter, Kenneth. 2018. "*The Impact of the Blue Ribbon Panel on Collective Bargaining Agreements*." Article republished on SABR.org website. https://sabr.org/research/impact-blue-ribbon-panel-collective-bargaining- agreements.

Healy, Patrick. 2016. "Confirmation Bias: How It Affects Your Organization and How to Overcome It." *Harvard Business School Online*. August 18, 2016.

Hirsch, Jacob B. and Inzlicht, Michael. 2010. *Psychophysiology*, 47.

Iodine, Carlie. 2018. "Gartner Keynote: Do You Speak Data?" https://www.gartner.com/smarterwithgartner/

gartner-keynote-do-you-speak-data/. March 5, 2018.

Ives, Nat. 2019. "Coca-Cola Resurrects Post of Chief Marketing Officer." *Wall Street Journal*. December 16, 2019.

Johnston, Keith. 2019. "Predictions 2020: CMOs Must Extend Their Span of Control in the Name of Customer Value." *Forrester blog*. October 28, 2019. https://go.forrester. com/blogs/predictions-2020-cmo-priorities/.

Korn Ferry. 2020. "Age and Tenure in the C-Suite: Korn Ferry Study Reveals Trends by Title and Industry." *Korn Ferry press* release. January 21, 2020. https:// ir.kornferry.com/news-releases/news-release-details/age-and-tenure-c-suite-korn-ferry-study-reveals-trends-title-and.

LeadMD and Drift. 2019. "The LeadMD Sales and Marketing Alignment Survey: Bench- marking & Insights Report." https://www.leadmd.com/alignment/.

Langan, Ryan, Cowley, Scott, and Nguyen, Carlin. 2019. "The State of Digital Marketing in Academia: An Examination of Marketing Curriculum's Response to Digital Disruption." *Journal of Marketing Education*. February 17, 2019.

Lewis, Michael. 2003. *Moneyball: The Art of Winning an Unfair Game*. New York: W.W. Norton & Company.

LinkedIn. 2019. "The Long and Short of ROI: Why Measuring Quickly Poses Challenges for Digital Marketers." https://business. linkedin.com/content/dam/me/business/en-us/amp/marketing-solutions/images/marketing-roi/pdf/The_Long_and_Short_of_ROI.pdf. June 2019.

LinkedIn. 2018. "State of Sales 2018." https://business. linkedin.com/content/dam/me/business/en-us/sales-solutions/cx/2018/images/pdfs/state-of-sales-ebook.pdf.

McGarvey, John. 2014. "M&S shows the dangers of redesigning your website." TechDonut. July 14, 2014.

MGI, 2016. The Age of Analytics: Competing in a Data-Driven World. *McKinsey Global Institute/McKinsey & Co Executive Summary*. December 2016.

O'Donnell, J.T. "Here's Why These 3 Types of Workers Will Lose Their Jobs in the Next Recession." https://www.inc.com/jt-odonnell/heres-why-these-3-types-of-workers-will-lose-their-jobs-in-next-recession.html. October 4, 2017.

Ortiz-Ospina, Esteban. 2019. "The rise of social media."

Our World in Data. September 18, 2019.

Pandey, Anshul Vikram; Manivannan, Anjali; Nov, Oded; Satterthwaite, Margaret; and Bertini, Enrico. 2014. "The Persuasive Power of Data Visualization." *IEEE Transactions on Visualization and Computer Graphics*. November 6, 2014.

Payscale. 2016. "2016 Workforce-Skills Preparedness Report." https://www.payscale.com/data-packages/job-skills. May 18, 2016.

Pemberton, Chris. 2018. "Key Findings from Gartner Marketing Analytics Survey 2018." *Gartner website*. May 16, 2018. https://www.gartner.com/en/marketing/insights/articles/key-findings-from-gartner-marketing-analytics-survey-2018.

Pritchett, Bob. 2006. *Fire Someone Today: And Other Surprising Tactics for Making Your Business a Success*. Nashville, TN: Thomas Nelson, Inc.

Qaqish, Debbie. 2017. "3 Things Every CMO Needs For a Successful Relationship With the CFO." https://www.pedowitzgroup.com/3-things-every-cmo-needs-for-a-successful-relationship-with-the-cfo/. June 22, 2017.

Rankin, Jennifer. 2014. "Marks and Spencer sales hit by website woes ahead of shareholder AGM." *Guardian*. July 8, 2014.

Revella, Adele. 2015. *Buyer Personas: How to Gain Insight into Your Customer's Expectations, Align Your Marketing Strategies, and Win More Business*. Hoboken, NJ: John Wiley & Sons.

Sage Intacct. 2016. "Survey Reveals CFOs are Becoming More Strategic as They Manage Risk and Drive Business Sustainability." https://www.sageintacct.com/press/survey-reveals-cfos-are-becoming-more-strategic-they-manage-risk-and-drive-business. April 5, 2016.

Schouten, Cory. 2012. "Finish Line pulls plug on new website." *Indianapolis Business Journal*. December 20, 2012.

Schultz, E. J. 2017. "Coke Global CMO to Depart Amid Leadership Changes." *AdAge*. March 23, 2017.

Scott, David Meerman. 2020. *The New Rules of Marketing and PR*, 7th ed. Hoboken, NJ: John Wiley& Sons.

Six Sigma. 2017. "Six Sigma Case Study: General Electric." https://www.6sigma.us/ge/six-sigma-case-study-general-electric/. May 22, 2017.

Skinner, Ryan; Paderni, Luca; VanBoskirk, Shar; Overby, Christine Spivey; Merlivat, Samantha. 2013. "Put Distribution At The Heart Of Content Marketing." Forrester website. October 3, 2013. https://www.forrester.com/report/ Put+Distribution+At+The+Heart+Of+Content+Marketing/-/ E-RES101981.

Society of Human Resource Management. 2016. "Average Cost-per-Hire for Companies Is $4,129, SHRM Survey Finds." https://www.shrm.org/about-shrm/press-room/press-releases/pages/human-capital-benchmarking-report.aspx. August 3, 2016.

Sophisticated Marketer, The. 2019."The Secrets of Sales and Marketing Orchestration." https://www.flipsnack. com/SophisticatedMarketerQuarterly/the-sophisticated-marketer-quarterly-issue-5/full-view.html.

Spear Marketing Group. 2019. "2019 Marketing Talent Crunch Survey." http://info.spearmarketing.com/rs/902-DBM-891/images/SpearMarketing-2019-Marketing-Talent-Crunch-Survey-Report.pdf.

Starita, Laura. 2019. "4 Key Findings in the Annual Gartner CMO Spend Survey 2019-2020." Gartner website.

October 3, 2019. https://www.gartner.com/en/marketing/ insights/articles/4-key-findings-in-the-annual-gartner-cmo-spend- survey-2019-2020.

Steinberg, Leigh. 2015. "Changing the Game: The Rise of Sports Analytics." Forbes. August 18, 2015.

Televerde. 2017. "What Does Sales Need and Want from Marketing?." https://www.televerde.com/wp-content/ uploads/2019/02/What-Does-Sales-Want-From-Marketing. pdf.

Tulgan, Bruce. 2007. *It's OK to Be The Boss: The Step-by-Step Guide to Becoming the Manager Your Employees Need.* New York: Collins.

Veenstra, Jennifer; O'Brien, Diana; and Murphy, Timothy. 2019. "The confident CMO: 3 ways to increase C-suite impact." https://www2.deloitte.com/us/en/pages/ chief-marketing-officer/articles/confident-cmo-c-level-communication-impact.html?nc=1. September 19, 2019.

Waller, David. 2020. "10 Steps to Creating a Data-Driven Culture." https://hbr.org/2020/02/10-steps-to-creating-a-data-driven-culture. February 6, 2020.

Wikipedia. https://en.wikipedia.org/wiki/Chief_

executive_officer.

Yu, Jim. 2018. "The rise of the DD-CMO: How data-driven CMOs are maximizing performance." https://martechtoday.com/the-rise-of-the-dd-cmo-how-data-driven-cmos-are-maximizing-performance-218693. July 24, 2018.

致謝

▌珍娜：

寫書一直是我的目標，這十五年來的大部分時間，我一直親身投入本書所述的概念中。一路走來，許多人的幫助型塑出這本書的內容。

首先是我的父母。我很幸運擁有市場上最早的個人計算機之一，因為我父親在美國早期電腦製造商史佩里公司（Sperry）工作。家裡有這個設備，有助於培養我對科技的熱愛。我要感謝父母給我這份禮物，並一直鼓勵我學習和做更多的事情。他們一直是我最大的支持者和粉絲。

如果不是我在青年和成年時期對自己培養了信心，我也不可能寫出這本書。身為一個女孩子，我是女童子軍的一員。這個組織給我灌輸了自信，我真的相信這奠定了我

成年後的基礎。我很感激這個組織當年給我的一切，今天身為領導者、講師和終身童軍，這個組織仍然給我很大的幫助。令我感到興奮的是，現在這個偉大的組織也在向女孩傳授科技和數據方面的知識，而下一代的年輕女性在進入成年和所選擇的職業時，也會擁有這樣的基礎。

　　另一個我需要感謝的人，幫助我增強自信，他是我的朋友和導師，湯姆·盧克（Tom Lueker）。湯姆從身為行銷人員、程式設計師和企業家的角度，教會了我很多東西，我感謝他的友誼。正是我與湯姆的一次關鍵對話，點燃了我心中的熱情。當他還是 WebSurveyor 的行銷長時，我找他商量參加一場搜尋引擎會議。我很想向別人學習。湯姆告訴我：「你應該在這場會議上發言，而不光只是去參加。是什麼讓這個會議的成員比你更像專家？」我從未忘記那次的談話，這促使我成立了自己的數位行銷代理商，並在那些會議上成為講者，並促成了本書的誕生。謝謝你，你幫助我了解我真正可以為世界提供的東西。

　　我還要感謝許多對我抱有希望的人，這些人相信我，多年來一直是我的朋友和支持者。感謝會議顧問公司 Pubcon 的創辦人布雷特·塔布克（Brett Tabke），因為他給了我第一次的演講機會，並從那時起一直支持我。致丹尼·蘇利文（Danny Sullivan），他也帶給我很多演講機會，

並讓我有機會為「搜尋引擎天地」（*Search Engine Land*）網站撰寫文章。致我在MarketingProfs的朋友們，你們多年來一直是支持我的小組和分享我專業知識的平台，謝謝你們。

當我開始寫這本書時，我接觸了許多已經出書的朋友，尋求建議和諮詢。感謝安‧韓德莉（Ann Handley），她是我多年來的朋友和支持者，在我踏上這條路的時候，她提出了獨到的見解。致安迪‧比爾（Andy Beal），謝謝你多年的友誼及你對本書和出版過程中的指導。感謝提姆‧艾許，他在出版過程中投入了大量的時間、建議和專業知識。安、安迪和提姆，我非常珍惜你們的友誼。

致我為本書採訪過的所有優秀專家，你們每個人都分享自己的專業知識，為本書增添了很多價值。我非常感謝你們：愛黛兒‧雷維拉、阿尼‧肯、吉姆‧哈蕭和傑夫‧格雷葛里。

致我多年來的眾多合作夥伴、客戶和同事，你們每個人都教給我新的經驗，並幫助我創新和改進，謝謝你們。

最後，寫書絕非易事。這是一項艱鉅的工作，整個旅程充滿了緊張的時刻。感謝我的合著者茉莉亞與我一起辛勤工作，實現我們的願景。我真心感謝你的建議和指導。我還要感謝我的所有朋友和家人在整個旅程中對我的支

持，謝謝你們鼓勵了我，讓我堅持下去。我要特別感謝我最好的朋友，佩翠西亞‧德爾克—默瑟（Patricia Delk-Mercer），她陪伴我走過每一步，不斷替我加油打氣。

▊ 茱莉亞：

我出書了！

我不得不把這句話印出來。寫書可是一項工程浩大的任務。好吧，我應該澄清一下，開始著手要寫書很容易。自從我第一次想「我應該寫一本書」以來，這些年來我可能計畫要寫一打的書了。難的是之後發生的事情，然後還要實際能完成它們。總會有更多的想法想要加進去，更多的故事想要講，因此，我感謝我們在威立（Wiley）出版社好心、知識淵博的團隊，感謝你們讓我們沒有離題。如果在一切都很好的時期，完成並出版一本書是一件大壯舉的話，那麼你來想像一下在COVID-19大流行期間的情況。我和珍娜曾經爭論過自費出版和其他類型出版社的利弊，但最終，威立出版社是我們的首選，我很感激他們能為我的第一本書提供指導！

致我多年來告訴我應該寫一本書的許多朋友：我確實聽進去了。對於幾乎所有人來說，這不是你們認為我會寫

的書，但我還是感激你們每一個人，因為他們始終相信我可以做到，並一再告訴我應該這樣做。現在說說你們認為我應該寫的書吧。

致娜塔莉‧羅伯（Natalie Robb），即使我們還沒有開始計畫這本書之前，我就和這位有著豐富行銷人員經驗的優秀數據科學家進行過許多精彩的討論。她完全相信行銷數據分析的力量和重要性，這讓我堅定了自己的信念，我感謝她成就了我有著手動筆的心態。

致我的合著者，我和珍娜已經認識很多年了，我們已經在許多數位化轉型的過程中「長大」了。我們能夠一起寫出一本書，濃縮了我們辛苦獲得的知識，我感到非常滿意。她經營自己的事業，這一點讓我極為敬佩，而更讓我敬佩的是，她真的關心每一位員工都有升遷的管道。感謝你讓我有時間和自由來寫稿和研究（要做的研究太多了），我非常感謝你，珍娜。沒有你，我不可能做得到。

最後，對於在這個過程中，讓我試探意見的所有朋友，我可以肯定的是，你們毫無參考背景，卻又得聽我對你們訴說另一個數據或行銷故事，你們一定很想對我翻白眼，但你們卻都面帶微笑忍受下去，因為你們只想支持我。我愛你們，感謝你們！

關於作者

　　珍娜‧米勒是數位行銷領域中獲獎無數的演講者和作家。她擁有近二十五年的數位行銷經驗，並於2005年成立了數位行銷代理商Marketing Mojo。她曾與許多頂尖客戶合作，包括國家地理頻道、美國馬自達汽車、律商聯訊（LexisNexis）法律資料庫和遊戲開發商動視公司（Activision）等。她在維吉尼亞大學和她的母校詹姆斯麥迪遜大學擔任定期的客座講師，著有《Google分析入門》一書。

　　在數位行銷領域之外，珍娜熱衷於推廣女性權利，並致力於培育下一代的女性領導者。她是女童軍的積極支持者，曾擔任部隊領導、營地志願者和講師。珍娜和丈夫塔德、兩個女兒，以及他們的毛小孩就住在維吉尼亞州夏洛特鎮外。

　　茱莉亞・林在Marketing Mojo這家屢獲殊榮的數位媒體代理商擔任行銷副總裁。在此之前，她在幾家高成長的技術公司擔任行銷和PM部門主管。從客戶關係管理到行銷平台，再到社群媒體數位廣告，她是各種數位行銷工具和策略的早期採用者，她在行銷科技基礎設施方面，擁有豐富的親身經驗，可以透過這些基礎設施，支持銷售、實現業務目標，並以明確的方式，向董事會和最高層主管展現KPI。她擁有哈佛大學拉德克利夫學院（Harvard-Radcliffe）的榮譽文學士學位和麻省理工史隆管理學院（MIT Sloan）的MBA學位。

　　茱莉亞居住在北維吉尼亞州，並經常在當地舉辦的行銷活動中發表關於數位行銷、行銷科技工具組合，以及讓行銷與業務同調的演講。本書是她的處女作。

量化行銷時代【二部曲】
貝佐斯與亞馬遜經營團隊都在做，
5 步驟把你的「行銷效益」變得清晰可見

Data-First Marketing:
How To Compete and Win In the Age of Analytics

作　　　者	珍娜‧米勒、茱莉亞‧林
譯　　　者	黃庭敏
主　　　編	郭峰吾
總 編 輯	李映慧
執 行 長	陳旭華（ymal@ms14.hinet.net）
社　　　長	郭重興
發行人兼 出版總監	曾大福
出　　　版	大牌出版／遠足文化事業股份有限公司
發　　　行	遠足文化事業股份有限公司
地　　　址	23141 新北市新店區民權路 108-2 號 9 樓
電　　　話	+886- 2- 2218 1417
傳　　　真	+886- 2- 8667 1851
印務經理	黃禮賢
封面設計	萬勝安
排　　　版	藍天圖物宣字社
印　　　製	成陽印刷股份有限公司
法律顧問	華洋法律事務所　蘇文生律師
	（本書僅代表作者言論，不代表本公司／出版集團之立場與意見）
定　　　價	520 元
初　　　版	2021 年 7 月

有著作權 侵害必究（缺頁或破損請寄回更換）

國家圖書館出版品預行編目（CIP）資料

量化行銷時代【二部曲】：貝佐斯與亞馬遜經營團隊都在做，5 步驟把你的「行銷效益」變得清晰可見 / 珍娜‧米勒、茱莉亞‧林 著；黃庭敏 譯 . – 初版 . -- 新北市：大牌出版，遠足文化事業股份有限公司，2021.7 面；公分
譯自：Data-First Marketing: How To Compete and Win In the Age of Analytics
ISBN 978-986-0741-01-8（平裝）
1. 行銷學　2. 統計方法

110005862